SIMPLY

PHYSIK

DK

Penguin Random House

DK London
Für DK produziert von cobalt id
www.cobaltid.co.uk

Lektorat
Georgina Dee, Liz Gough, Marek Walisiewicz, Abigail Ellis, Peter Frances, Angeles Gavira Guerrero

Gestaltung und Bildredaktion
Maxine Pedliham, Paul Reid, Phil Ormerod, Michael Duffy, Jessica Tapolcai, Clare Joyce, Mik Gates, Mark Lloyd

Umschlaggestaltung
Sophia M.T.T., Juhi Sheth

Herstellung
Andy Hilliard, Rebecca Parton

Für die deutsche Ausgabe:
Projektbetreuung Carola Wiese
Herstellungskoordination Bianca Isack
Herstellung Stefanie Staat

Titel der englischen Originalausgabe:
Simply. Physics

Übersetzung Dr. Stephan Matthiesen
Lektorat Manuela Kupfer

ISBN 978-3-8310-5130-4
5902-345533-24066-02

Druck und Bindung TBB, a.s., Slowakei

www.dk-verlag.de

Ein Hinweis zu geschlechtlichen Identitäten
Der DK Verlag erkennt alle geschlechtlichen Identitäten an. Nach Möglichkeit wird im Buch eine gendergerechte Sprache berücksichtigt, sofern dies inhaltlich sinnvoll ist bzw. den historischen Fakten entspricht; stellenweise wird aus Platzgründen oder Gründen der besseren Lesbarkeit jedoch das generische Maskulinum verwendet.

BERATER UND MITWIRKENDE

Jack Challoner ist Autor von 50 Wissenschafts- und Technikbüchern. Bevor er Autor wurde, arbeitete er im Londoner Science Museum. Er studierte Physik und absolvierte eine Ausbildung zum Lehrer für Naturwissenschaften und Mathematik.

Hilary Lamb ist eine preisgekrönte Wissenschaftsjournalistin, Redakteurin und Autorin. Sie hat an über einem Dutzend früherer DK-Titeln mitgearbeitet, darunter *Big Ideas. Das Physik-Buch* und *SIMPLY. Quantenphysik*. Sie gibt das Literaturmagazin *Tamarind* heraus.

David Sang ist ein erfahrener Physiklehrer und hat an über 100 Lehrbüchern sowie anderen Lehrmaterialien und Websites mitgearbeitet.

Giles Sparrow ist ein auf Astronomie und Weltraumforschung spezialisierter Autor und Journalist. Er hat Dutzende Bücher geschrieben und ist Fellow der Royal Astronomical Society.

INHALT

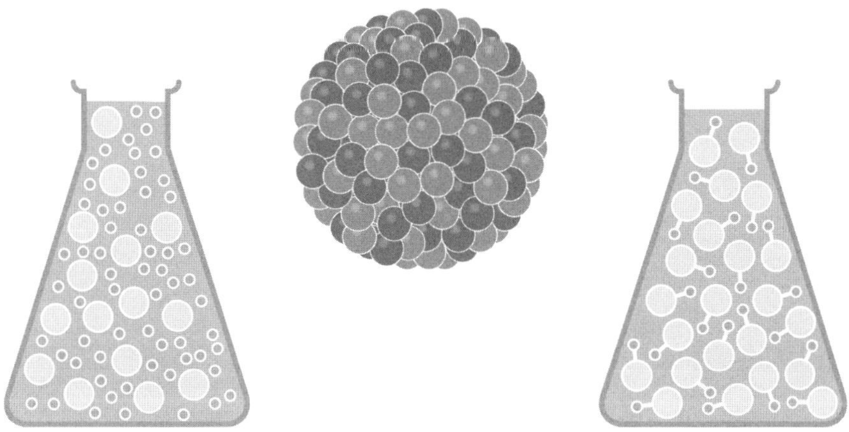

KRÄFTE UND **BEWEGUNG**

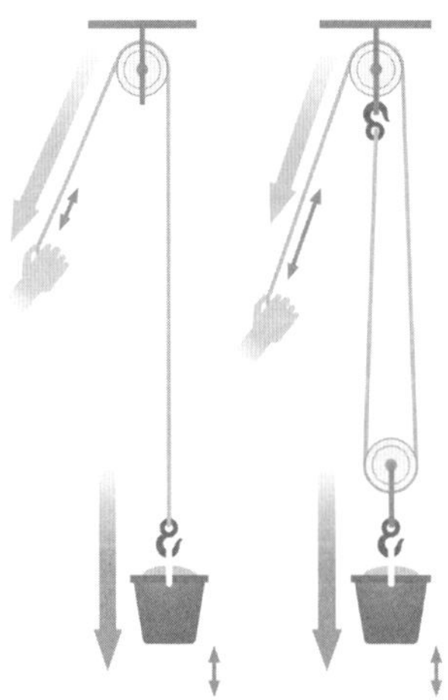

ENERGIE

ELEKTRIZITÄT UND **MAGNETISMUS**

SCHALL UND **LICHT**

QUANTEN-PHYSIK

RELATIVITÄT

ASTROPHYSIK UND KOSMOLOGIE

WAS IST PHYSIK?

Die Physik hat zum Ziel, einige der grundlegendsten Phänomene in der Welt um uns herum zu verstehen. Sie beschäftigt sich mit Materie und Energie, hier auf der Erde und im gesamten Universum. Die Erklärungskonzepte, die Physikerinnen und Physiker im Lauf der Jahrhunderte entwickelt haben, basieren auf dem, was man in der natürlichen Welt sieht. Manchmal beobachten sie einfach natürliche Phänomene; manchmal führen sie gezielte Experimente durch, um Fragen zu klären, die sich aus der Naturbeobachtung ergeben. Experimente können so einfach sein wie das Zusammenbringen zweier Magnete oder so komplex wie die riesigen Teilchenbeschleuniger, mit denen man den Aufbau der Materie auf kleinster Ebene erforscht. Die experimentelle Bestätigung ist der ultimative Test für jede physikalische Theorie.

In der Physik können neue Entdeckungen völlig neue Forschungsbereiche eröffnen. Mit der Erkenntnis, dass Materie aus Teilchen besteht, konnten Wissenschaftler Erklärungen für das Verhalten von Feststoffen, Flüssigkeiten und Gasen entwickeln. Die Aufklärung der genauen Struktur von Atomen zeigte, wie sich Atome zu den unzähligen Molekülen verbinden, die in der Chemie und der Biologie erforscht werden. Das Verständnis der Wechselwirkung von Licht mit Atomen ermöglichte es Astronomen, die Zusammensetzung von Sternen zu untersuchen. Je mehr wir wissen, desto mehr gibt es zu entdecken und desto mehr Werkzeuge stehen uns für neue Entdeckungen zur Verfügung.

Während Physiker einfach von der Physik begeistert sind, hat deren Anwendung in der Technik auch das Leben der Menschen dramatisch verändert. Selbst Grundbedürfnisse wie Wohnen, Verkehr, Kommunikation, Medizin und sogar Unterhaltung haben sich durch die Anwendung dessen, was wir über die Funktionsweise der Welt wissen, dramatisch verändert.

MATER

I E

Alles Stoffliche um uns herum nennen wir Materie. Auf den ersten Blick erscheinen Wasser, Luft und Steine sehr unterschiedlich, aber letztlich sind sie alle ähnlich: Sie sind aus Atomen aufgebaut, die wiederum aus noch kleineren Bestandteilen bestehen. Untersuchungen des Sternenlichts zeigen, dass alles, was wir im Weltraum sehen – Planeten, Sterne, Galaxien usw. – aus derselben Materie besteht wie die Dinge auf der Erde. Die winzigen Teilchen der Materie bewegen sich und wechselwirken nach einigen wenigen Grundgesetzen, die die Menschen im Laufe der letzten vier Jahrhunderte verstanden haben. Für Physiker besteht das Universum nur aus Teilchen und ihren Wechselwirkungen.

AGGREGATZUSTÄNDE

Feststoffe haben eine feste Form und Größe. Flüssigkeiten fließen, aber ihr Volumen bleibt konstant. Gase dehnen sich aus und füllen den verfügbaren Raum aus. Dies lässt sich erklären, wenn man sich vorstellt, dass Materie aus Teilchen besteht, die sich ständig schnell bewegen. Jedes Teilchen zieht seine Nachbarn an, sodass sie sich je nach verfügbarer Energie mehr oder weniger zusammenballen. Diese Beschreibung der Materie heißt kinetische Theorie.

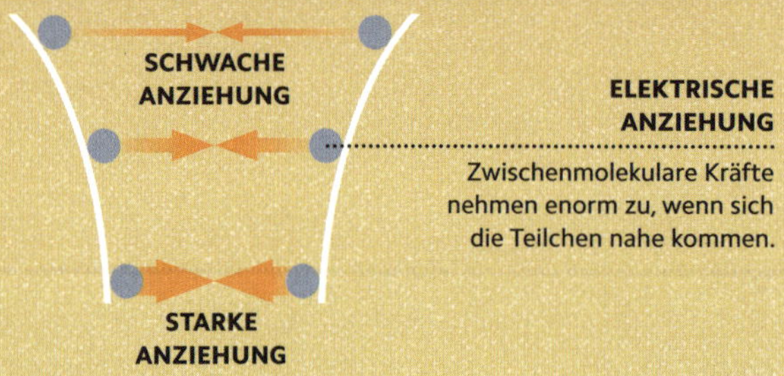

Kräfte zwischen Teilchen
Die zwischenmolekularen Kräfte sind viel schwächer als die Bindungen, die Moleküle zusammenhalten, aber sie bestimmen den Zustand der Materie.

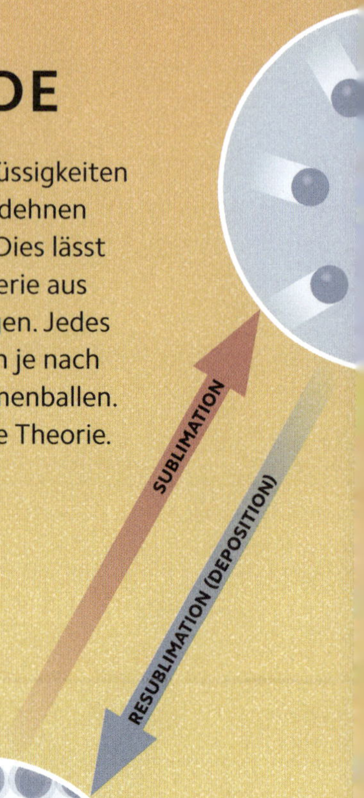

Festkörper
In Festkörpern vibrieren die Teilchen, aber starke zwischenmolekulare Kräfte halten sie relativ zu den Nachbarteilchen am Platz. In manchen Festkörpern – Kristallen – bilden sie ein regelmäßiges Gitter.

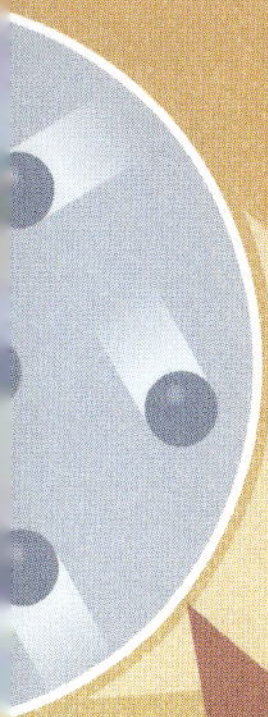

Zustandsänderungen

Wenn Materie erwärmt wird, werden die Teilchen schneller. Dann können sie die zwischenmolekularen Kräfte überwinden und der Stoff geht z.B. vom flüssigen in den gasförmigen Zustand über. Diese Übergänge sind rein physikalisch und verändern die chemischen Eigenschaften des Stoffs nicht.

Gas

Teilchen eines Gases bewegen sich schnell in zufällige Richtungen und füllen das verfügbare Volumen voll aus.

Bei Zimmertemperatur bewegen sich die Atome des Heliumgases mit mehr als 4000 km/h.

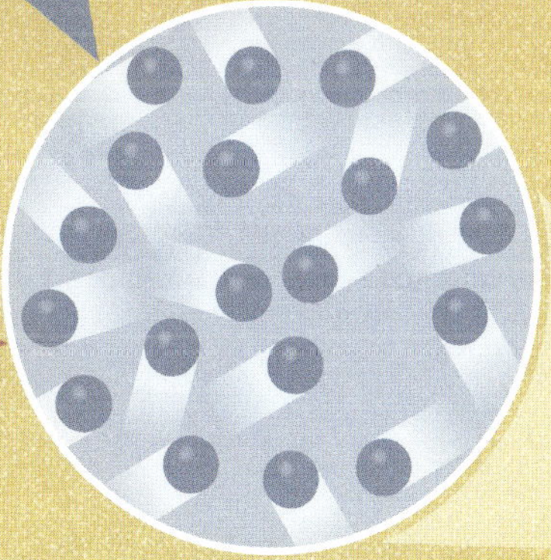

Flüssigkeit

In einer Flüssigkeit bewegen sich die Teilchen schnell und sind nicht so dicht gepackt, sodass sie aneinander vorbeigleiten können. Daher können Flüssigkeiten fließen und die Form des Behälters annehmen.

VERHALTEN VON GASEN

Nach der Erfindung von Pumpen, Barometern und Thermometern im 17. Jahrhundert konnten Wissenschaftler das Verhalten von Gasen erforschen. Die Experimente führten zu Gesetzen, die die Beziehung zwischen Volumen, Temperatur und Druck (die Kraft, die auf eine Flächeneinheit wirkt) beschreiben. Sie wurden lange vor der Entwicklung der kinetischen Gastheorie (siehe S. 10–11) aufgestellt und gingen von der – falschen – Annahme aus, dass zwischen den Molekülen eines Gases keine Kräfte wirken. In der Praxis sind die Kräfte zwischen Gasteilchen tatsächlich so schwach, dass die Gesetze das Verhalten von Gasen bei Temperaturen deutlich über ihrem Siedepunkt sehr gut vorhersagen.

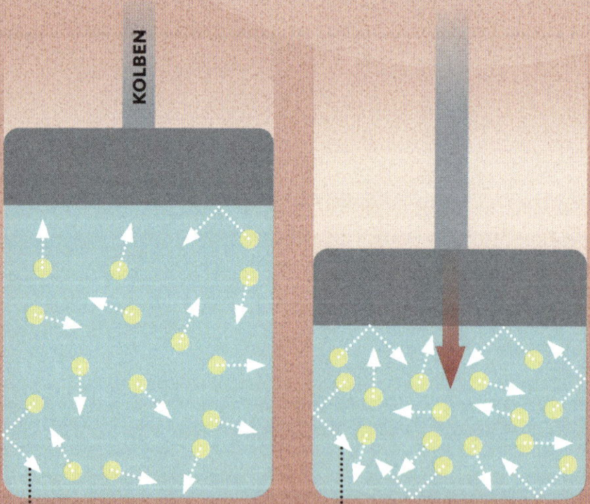

DRUCK: Die Gasteilchen stoßen mit der Wand des Behälters zusammen und prallen ab, was Druck auf die Wand erzeugt.

VOLUMEN: Wenn das Volumen eines Gases durch eine Kraft auf den Kolben verringert wird, kollidieren die Teilchen häufiger mit den Wänden, sodass der Druck ansteigt.

Boyle-Mariotte-Gesetz
Das Volumen eines Gases ist umkehrt proportional zu seinem Druck (bei konstanter Temperatur).

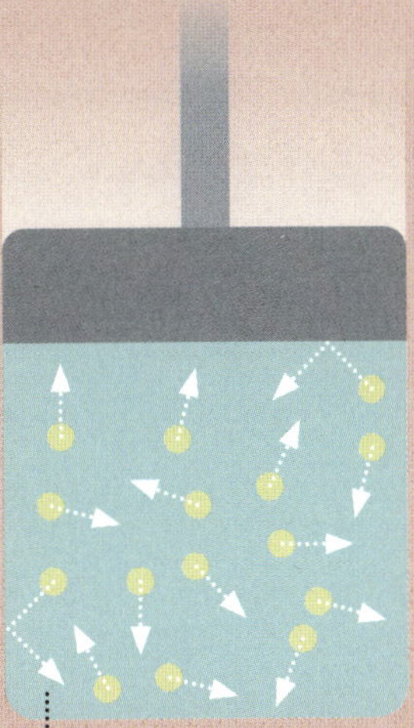

ABKÜHLUNG

Wenn ein Gas abkühlt, nimmt sein Volumen ab, bis es zu einer Flüssigkeit kondensiert.

TEMPERATUR

Bei hoher Temperatur bewegen sich die Gasteilchen schneller.

Energiereiche Teilchen drücken auf die Wand des Behälters und dehnen das Volumen aus.

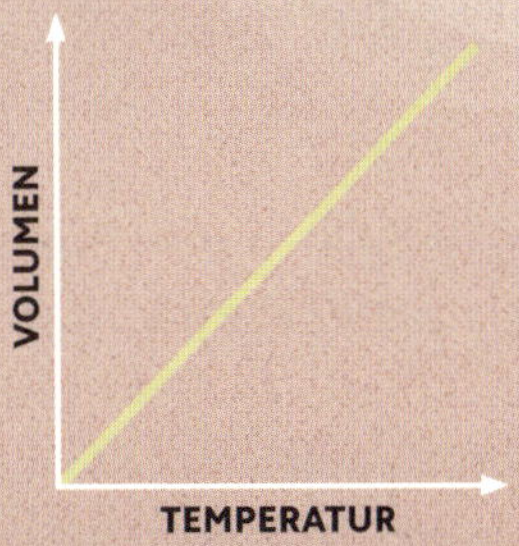

Gay-Lussac-Gesetz
Das Volumen eines Gases ist proportional zu seiner absoluten Temperatur (bei konstantem Druck).

ABKÜHLEN

Wenn man ein Gas zum absoluten Nullpunkt (0 K = –273,15 °C) abkühlen könnte, wäre der Druck null.

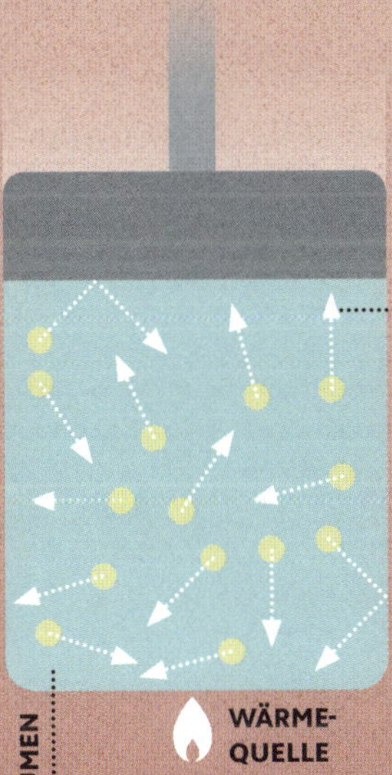

FESTES VOLUMEN

Wenn ein Gas erwärmt wird, aber sich nicht ausdehnen kann, steigt der Druck.

Erwärmen erhöht die Geschwindigkeit der Teilchen, sodass Kollisionen mit der Behälterwand häufiger und stärker werden.

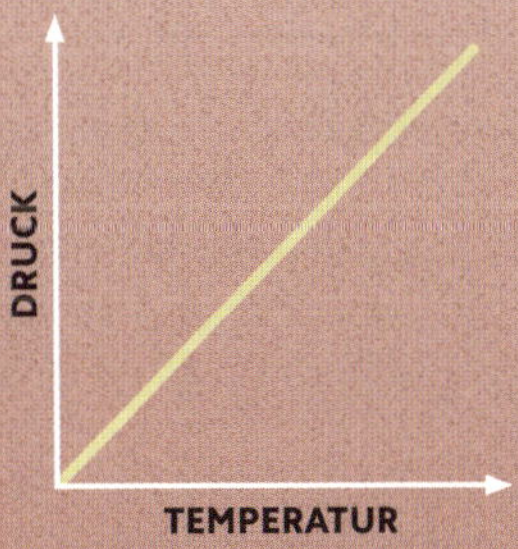

Amontons-Gesetz
Der Druck eines Gases ist proportional zur absoluten Temperatur (bei konstantem Volumen).

IM INNEREN EINES ATOMS

Alle Materie besteht aus Atomen: Teilchen, die etwa ein Milliardstel Meter groß sind. Jedes Atom hat einen Kern, der aus kleineren Teilchen, den Protonen und Neutronen, besteht. Der Kern ist von einer Elektronenwolke umgeben. Jedes Atom eines Elements hat die gleiche Anzahl von Protonen im Kern, verschiedene Elemente haben verschiedene Protonenzahlen. Dieses Konzept des Atoms erklärt die Unterschiede zwischen den Elementen, wie sich Elemente zu Verbindungen zusammenschließen und warum einige radioaktiv sind (siehe S. 20–21).

Elektronenwolke
Die negativ geladenen Elektronen bilden eine diffuse Hülle. Sie werden durch die positive Ladung der Protonen im Kern gehalten.

ELEKTRON
Die negative Ladung eines Elektrons ist ebenso groß wie die eines Protons, aber mit umgekehrtem Vorzeichen.

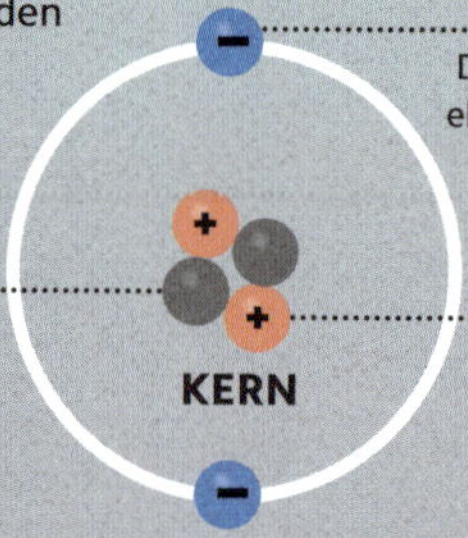

NEUTRONEN
Neutronen haben fast die gleiche Masse wie Protonen, aber keine elektrische Ladung.

PROTON
Protonen tragen eine positive elektrische Ladung. Die Anzahl der Protonen im Kern bestimmt das chemische Element.

Energieschalen
Elektronen befinden sich um den Kern in »Schalen«, die der Energie der Elektronen entsprechen. Niedrigenergetische Schalen liegen näher am Kern und werden vor den höherenergetischen Schalen mit Elektronen aufgefüllt.

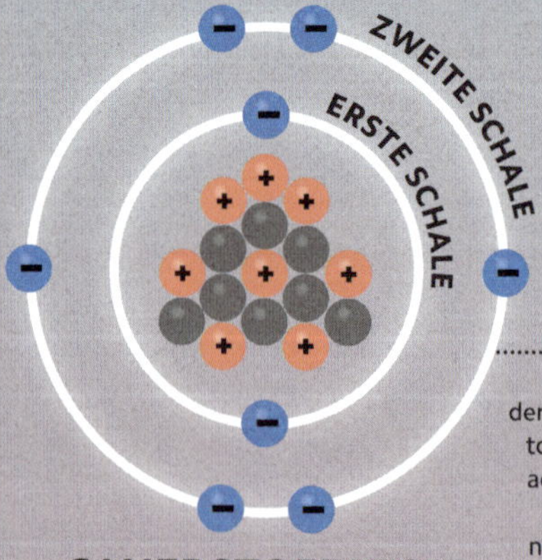

SAUERSTOFFATOM

ELEKTRONEN-KONFIGURATION
Dies ist ein Sauerstoffatom, denn der Kern enthält acht Protonen. Ihre Ladung wird durch acht Elektronen ausgeglichen: zwei in der Schale mit der niedrigsten Energie und sechs in der nächsthöheren Schale.

VIELE ATOME VERBINDEN

In der Natur kommen 94 Elemente vor – die grundlegenden Komponenten der Materie. Einige Stoffe wie Eisen oder Diamant bestehen nur aus einem Element, aber die meisten Stoffe bestehen aus mehreren. Atome eines Elements können mit Atomen anderer Elemente eine Verbindung eingehen. Stoffe können aber auch gemischt werden, ohne dass dabei chemische Bindungen gebildet werden.

SAUERSTOFF-ATOM

Das Sauerstoffatom in einem Wassermolekül teilt sich zwei Elektronen mit den Wasserstoffatomen.

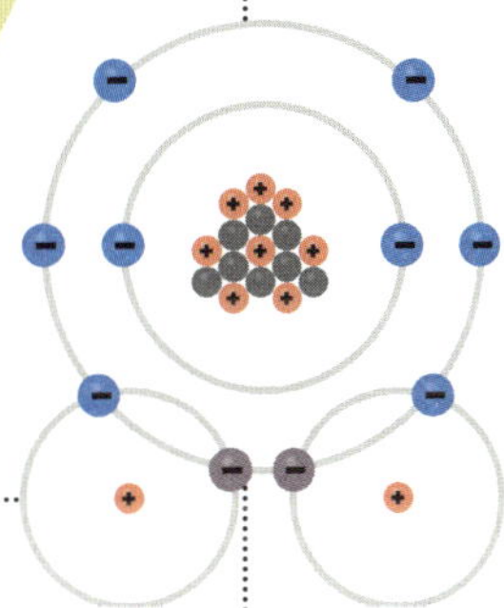

WASSERSTOFF-ATOM

Die beiden Wasserstoffatome im Wassermolekül teilen sich jeweils ein Elektron mit dem Sauerstoffatom.

WASSER-MOLEKÜL

Die gemeinsamen Elektronen füllen die äußere Elektronenschale jedes Atoms, sodass das Molekül stabil ist.

Verbindungen

Viele vertraute Stoffe sind Verbindungen. So besteht Wasser aus Wasserstoffatomen, die an Sauerstoffatome gebunden sind. Diese Art der Bindung, kovalente Bindung genannt, beruht darauf, dass Atome sich einige Elektronen teilen. Die resultierende Struktur nennt man ein Molekül.

Gemisch und Verbindung

Gemische können aus mehreren Stoffen in variablem Verhältnis bestehen. In Verbindungen stehen die Atome der einzelnen Elemente immer im gleichen Verhältnis.

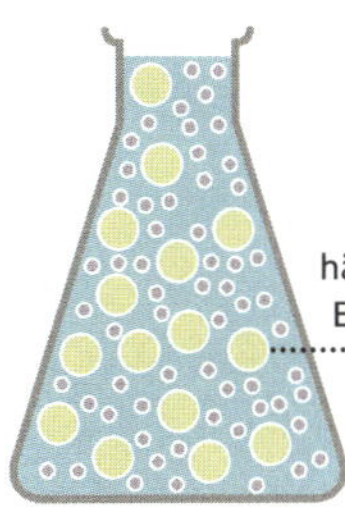

In Gemischen variiert das Verhältnis der Elemente.

GEMISCH

In Verbindungen kommen die Elemente im festen Verhältnis vor.

VERBINDUNG

ELEKTRONENAUSTAUSCH

Ein Atom enthält gleich viele Protonen wie Elektronen. Ihre jeweils gleich großen, aber entgegengesetzten Ladungen gleichen sich aus, sodass das Atom insgesamt neutral (ungeladen) ist. Einige Atome geben jedoch leicht ein oder mehrere Elektronen aus der äußeren Schale ab und werden so zum positiven Ion. Andere nehmen leicht Elektronen in ihre äußere Schale auf und werden zum negativen Ion. Viele Stoffe sind Ionenbindungen zwischen positiven und negativen Ionen.

Natriumchlorid
Speisesalz ist ein Beispiel für eine Ionenbindung.

ELEKTRONENTRANSFER
Ein Natriumatom gibt das eine Elektron der äußeren Schale ab. Es füllt die äußere Schale eines Chloratoms auf.

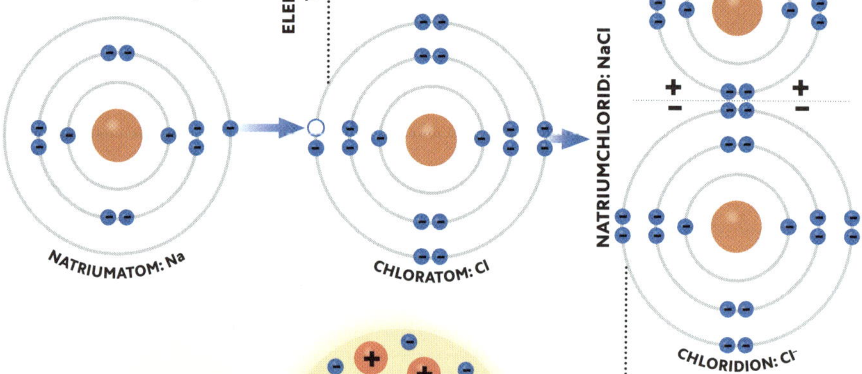

ELEKTROSTATISCHE KRÄFTE
Die positiv geladenen Natriumionen und die negativ geladenen Chloridionen werden durch elektrostatische Anziehung zusammengehalten.

GLÜHENDES GAS
Plasma besteht aus hochenergetischen Elektronen und positiven Ionen.

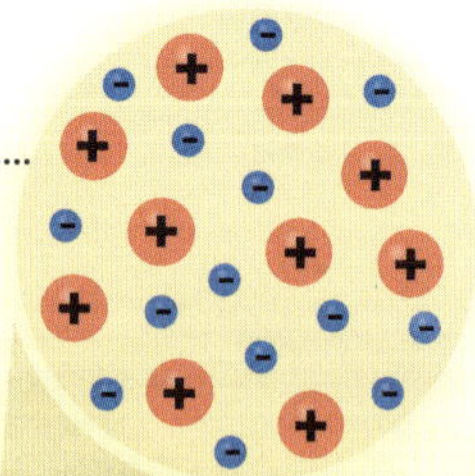

SONNE

Plasma
Bei extrem hoher Temperatur werden Elektronen aus den Atomen gerissen, es entsteht ein ionisiertes Gas: ein Plasma. Dies geschieht etwa in Sternen, sodass 99 Prozent des sichtbaren Universums ein Plasma ist.

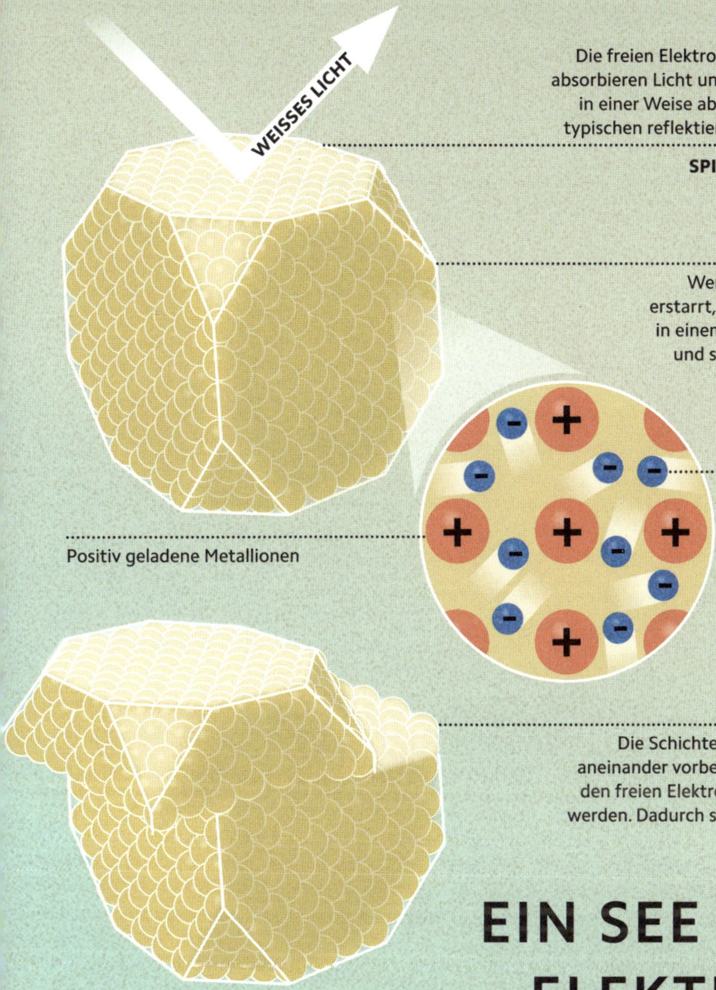

Die freien Elektronen in einem Metallstück absorbieren Licht und geben es sofort wieder in einer Weise ab, dass die Oberfläche den typischen reflektierenden Metallglanz zeigt.

SPIEGELNDE OBERFLÄCHE

KRISTALLSTRUKTUR

Wenn geschmolzenes Metall erstarrt, ordnen sich seine Atome in einem regelmäßigen Gitter an und sind nicht zufällig verteilt.

ELEKTRONEN UND IONEN

Die freien Elektronen in einem Metall können leicht kinetische Energie und elektrische Ladung transportieren. Daher sind Metalle gute Wärme- und Stromleiter.

Positiv geladene Metallionen

FORMBARKEIT

Die Schichten positiver Ionen können aneinander vorbeigleiten, während sie von den freien Elektronen zusammengehalten werden. Dadurch sind Metalle sehr formbar.

EIN SEE FREIER ELEKTRONEN

Drei Viertel aller Elemente sind Metalle – Stoffe, die durch die Art ihrer Bindung charakterisiert sind. Die äußeren Elektronen eines Metallatoms sind nur lose an die Atome gebunden. Im Metall lösen sie sich und bilden gemeinsam einen »Elektronensee«, der ein regelmäßiges Gitter aus positiv geladenen Metallionen zusammenhält. Diese Struktur bestimmt die physikalischen Merkmale von Metallen.

VERFORMUNGEN

Werkstoffe für Produkte wählt man nach ihren physikalischen Eigenschaften wie Steifigkeit, Zähigkeit und Elastizität. Sie hängen von der Art der Moleküle ab, aus denen das Material besteht, sowie von ihrer Anordnung und den Kräften zwischen ihnen.

Spannung und Dehnung

Spannung ist die Kraft, die pro Flächeneinheit auf ein Material wirkt. Dehnung ist die resultierende Verformung. Das Verhältnis zwischen Spannung und Dehnung bestimmt, wie sich ein Material verhält und für welche Anwendungen es geeignet ist.

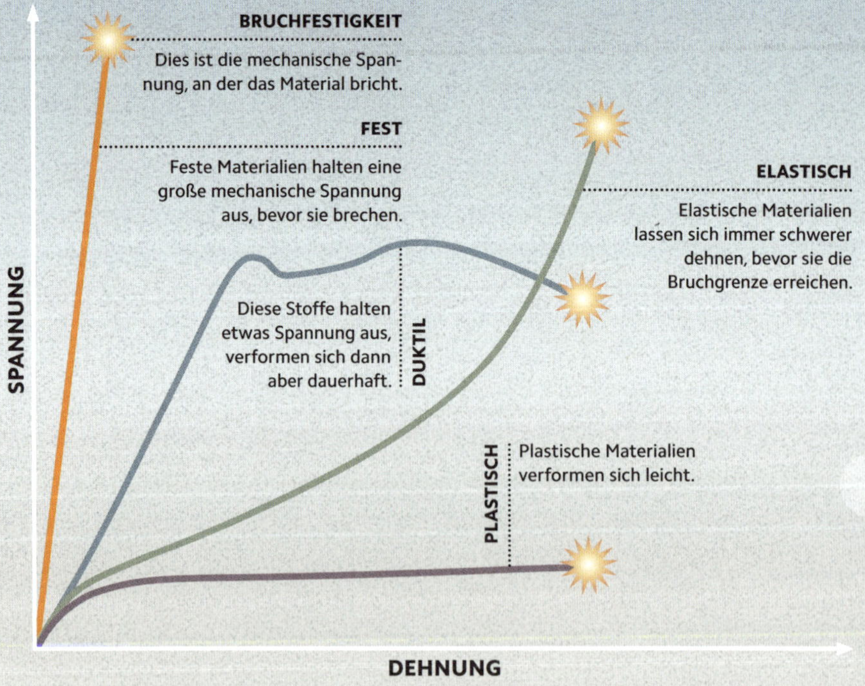

Materialeigenschaften

Fachleute aus Technik und Physik beschreiben die Eigenschaften von Festkörpern mit bestimmten Wörtern, die meist eine spezifischere Bedeutung als im Alltag haben.

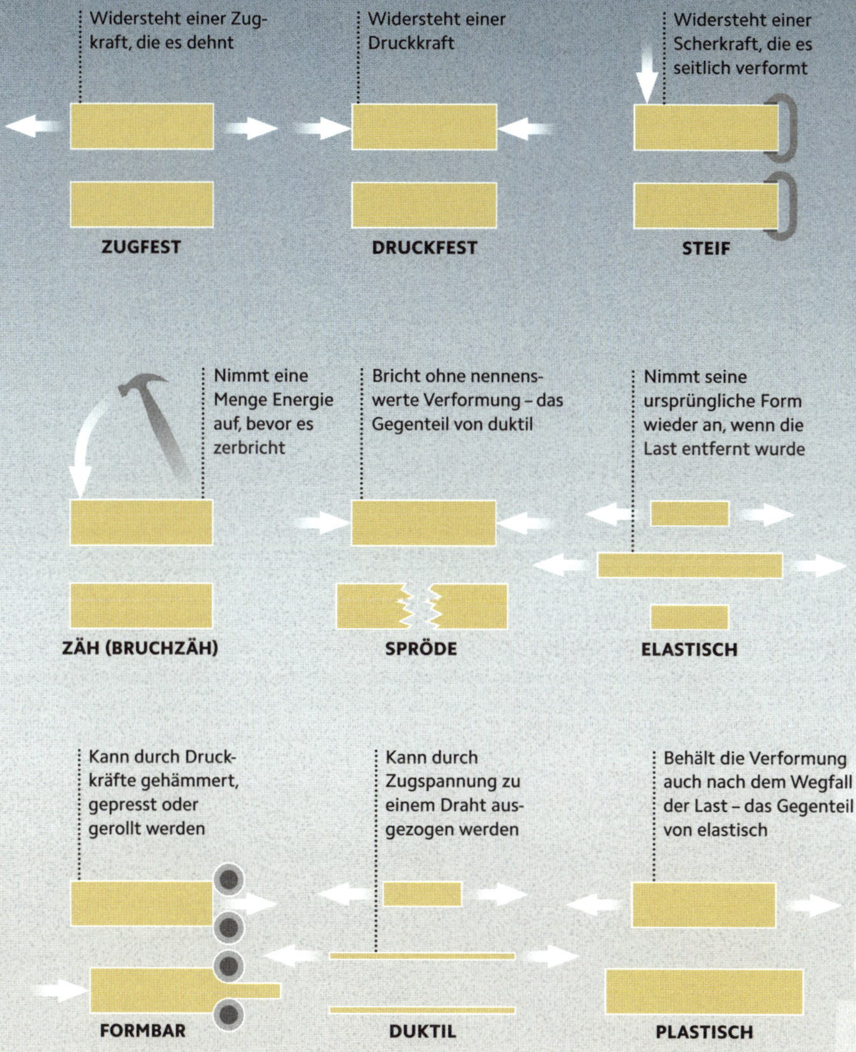

> **Radioaktive Isotope kommen natürlich in Gesteinen und in der Luft vor.**

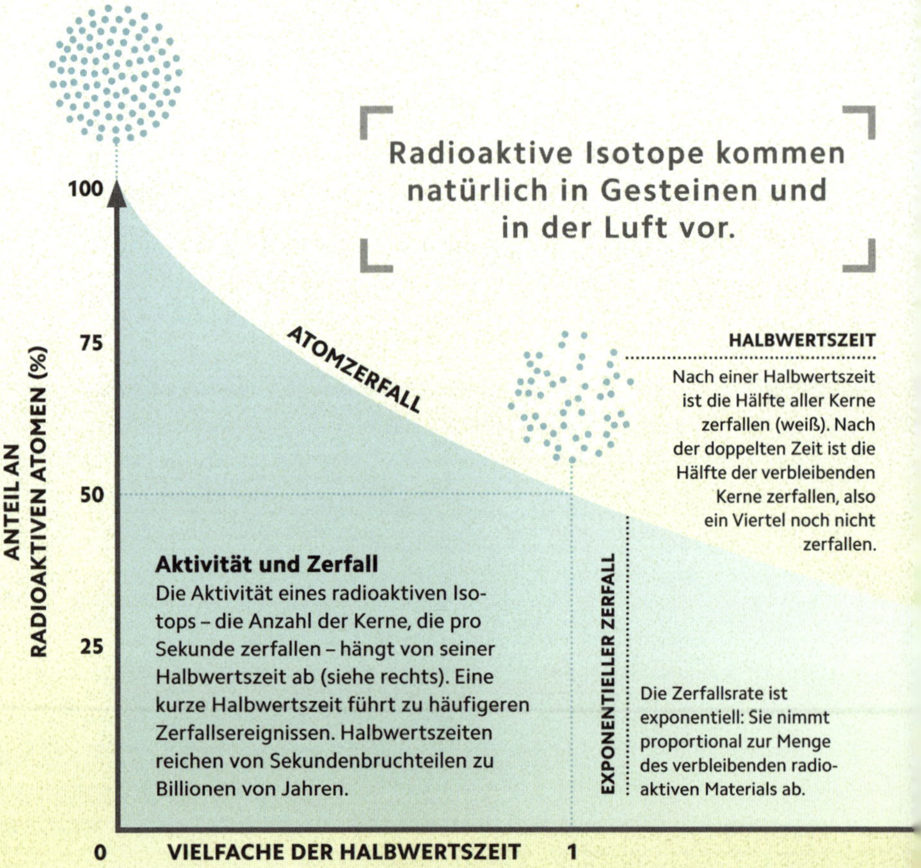

Aktivität und Zerfall

Die Aktivität eines radioaktiven Isotops – die Anzahl der Kerne, die pro Sekunde zerfallen – hängt von seiner Halbwertszeit ab (siehe rechts). Eine kurze Halbwertszeit führt zu häufigeren Zerfallsereignissen. Halbwertszeiten reichen von Sekundenbruchteilen zu Billionen von Jahren.

HALBWERTSZEIT

Nach einer Halbwertszeit ist die Hälfte aller Kerne zerfallen (weiß). Nach der doppelten Zeit ist die Hälfte der verbleibenden Kerne zerfallen, also ein Viertel noch nicht zerfallen.

Die Zerfallsrate ist exponentiell: Sie nimmt proportional zur Menge des verbleibenden radioaktiven Materials ab.

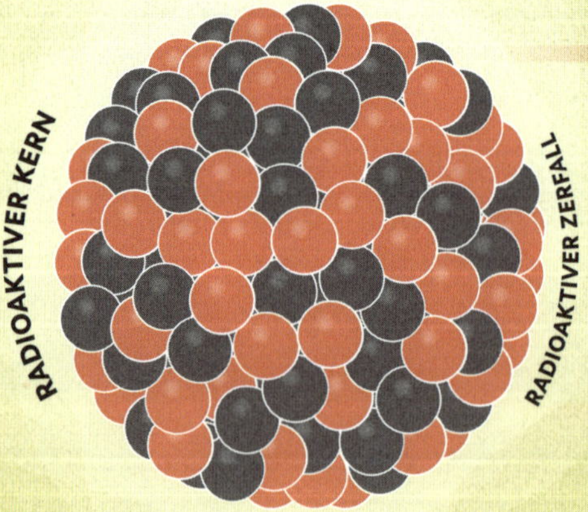

Strahlungsarten

Die verschiedenen Arten von Strahlung, die zerfallende Atomkerne abgeben, unterscheiden sich in ihrer Masse, ihrer Energie und ihrer Eindringtiefe. Sie alle können Atome und Moleküle schädigen und sie ionisieren (siehe S. 16). Daher nennt man sie alle ionisierende Strahlung.

KERNZERFALL

Einige Atomkerne sind instabil, weil die Kräfte, die ihre Teilchen zusammenhalten, und die Kräfte, die sie auseinanderdrücken, nicht im Gleichgewicht sind (siehe S. 23). Solche Kerne können spontan in stabilere Konfigurationen zerfallen und dabei energiereiche Teilchen wie Alpha-, Beta- oder Gammastrahlen (siehe S. 21) aussenden. Man kann nicht vorhersagen, wann ein bestimmter Kern zerfällt, sondern nur Wahrscheinlichkeiten angeben, dass er in einem gewissen Zeitraum zerfällt. Eine Probe radioaktiven Materials strahlt zunächst stark und dann immer schwächer, wenn die Zahl der Ausgangsatome abnimmt.

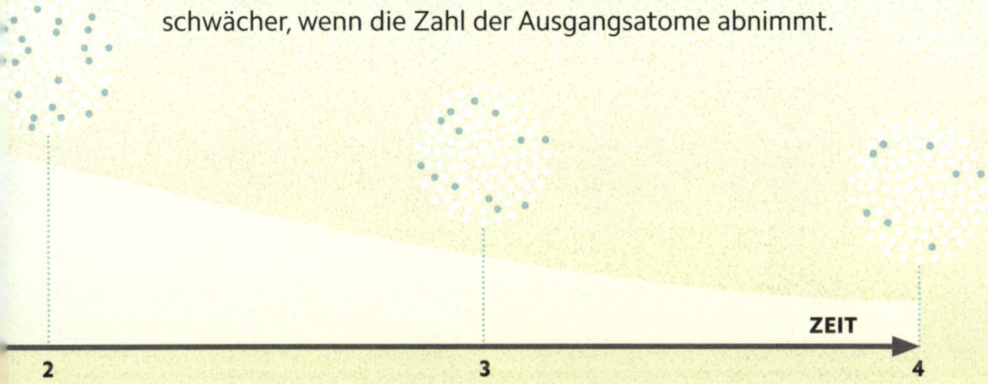

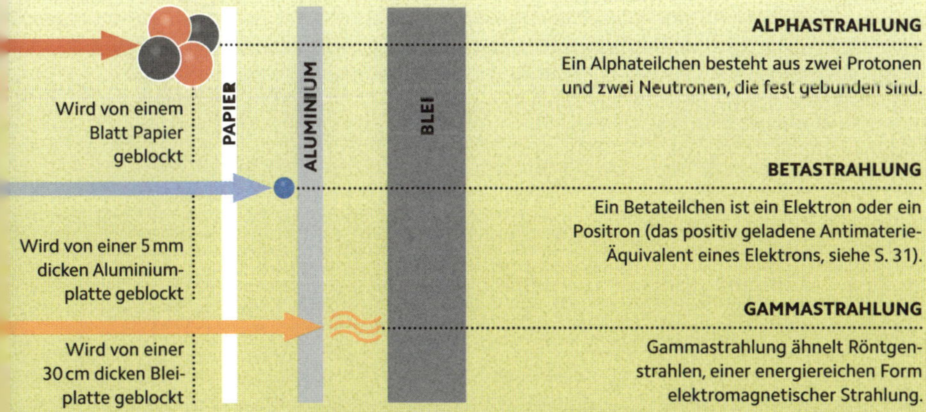

NEUTRONENZAHL

Jedes Atom eines bestimmten Elements hat die gleiche Anzahl von Protonen im Kern (siehe S. 14). Die Anzahl der Neutronen kann jedoch variieren, sodass viele Elemente in mehreren Varianten – Isotopen – mit verschiedener Masse vorkommen. Einige Isotope eines Elements sind stabil, während andere instabil und somit radioaktiv sind (siehe S. 20–21). Man nennt sie Radioisotope. Einige Elemente wie Uran haben nur instabile Isotope.

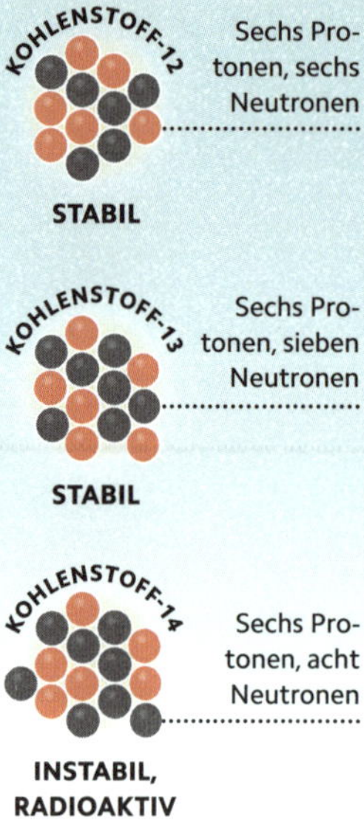

Kohlenstoffisotope
Kohlenstoff kommt in der Natur in drei Isotopen vor: 99 Prozent sind Kohlenstoff-12 (C-12 oder ^{12}C), etwa 1 Prozent sind C-13 und eines von einer Billion Kohlenstoffatomen ist C-14.

Radiokarbondatierung
Ein lebender Organismus nimmt mit der Nahrung ständig Kohlenstoff aus der Umwelt auf, sodass das Verhältnis von C-12 zu C-13 zu C-14 im Körper konstant bleibt. Nach dem Tod kommt kein Kohlenstoff mehr hinzu. Da C-14 radioaktiv ist und zerfällt, nimmt sein Anteil in den Überresten des Tieres im Lauf der Zeit ab. Durch die Messung der Anteile der Kohlenstoffisotope kann man also berechnen, wie alt die Überreste sind.

> **Die Isotope eines Elements haben fast das gleiche chemische Verhalten.**

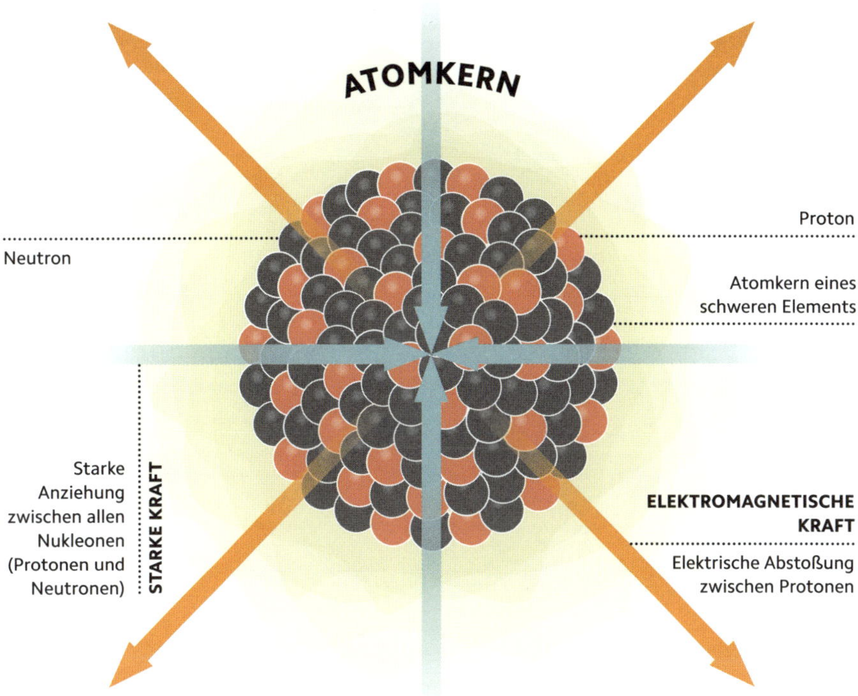

GLEICHGEWICHT IM KERN

Atomkerne enthalten Protonen (ein Wasserstoffatom hat nur eines). Da Protonen eine positive elektrische Ladung haben, stoßen sie sich gegenseitig ab. Diese elektromagnetische Kraft neigt dazu, den Kern auseinanderzubrechen. Eine zweite Kraft – die starke Kraft – hält den Kern zusammen. Sie ist eine Anziehung, die zwischen allen Nukleonen (Protonen und Neutronen) wirkt und damit der elektrischen Abstoßung entgegenwirkt. Die elektromagnetische und die starke Kraft sind zwei der Grundkräfte der Natur (siehe S. 32–33). Damit ein Kern stabil ist, müssen diese Kräfte im Gleichgewicht sein.

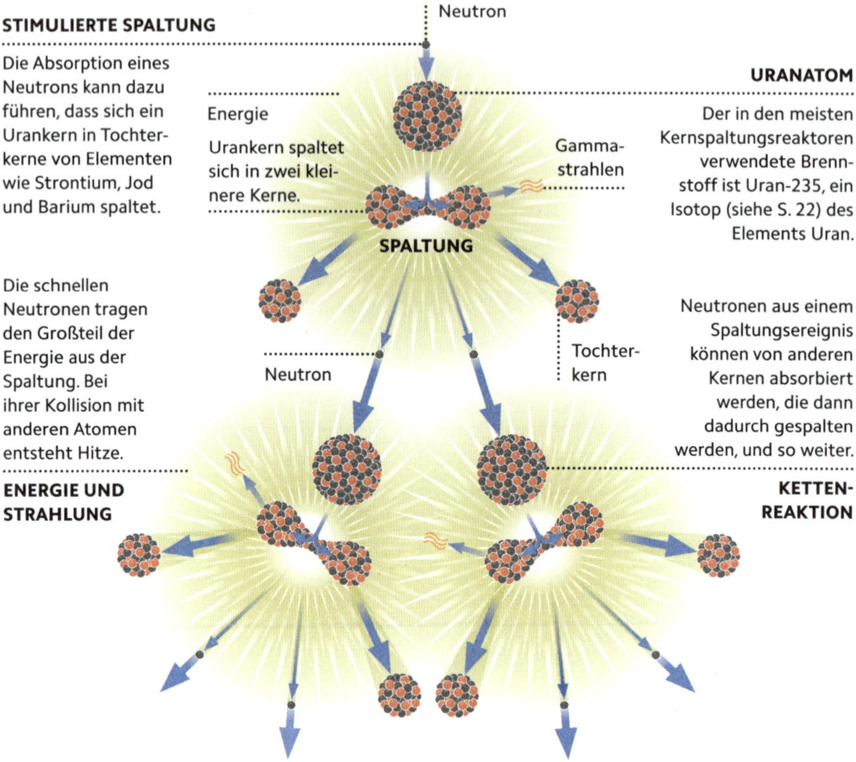

Große Atomkerne können sich in zwei kleinere Kerne spalten, wobei eine kleine Anzahl von Neutronen frei wird. Bei instabilen, massereichen Kernen geschieht dies spontan von selbst. Man kann eine Kernspaltung aber auch absichtlich herbeiführen: in Kernkraftwerken, um nutzbare Energie zu erzeugen, oder in den verheerenden Explosionen von Kernwaffen. In einem Kernreaktor werden Elemente wie Uran oder Plutonium von Neutronen mit genau der richtigen Geschwindigkeit getroffen, was zur Kettenreaktion führt. Dabei werden Teilchen mit hoher Bewegungsenergie freigesetzt und energiereiche Gammastrahlen erzeugt.

KETTENREAKTION

ENERGIE AUS DEM KERN

Kernkraftwerke nutzen die durch Kernspaltung erzeugte Energie. Sie sind so gebaut, dass man die Kettenreaktion (siehe links) genau steuern kann: Eine Substanz, der Moderator (meist Wasser), umgibt den Brennstoff und bremst die Neutronen so weit ab, dass sie die Spaltung auslösen können. Man schiebt Steuerstäbe in den Reaktor, um überschüssige Neutronen zu absorbieren und eine unkontrollierte Kettenreaktion zu verhindern. Weltweit sind über 400 kommerzielle Reaktoren in Betrieb.

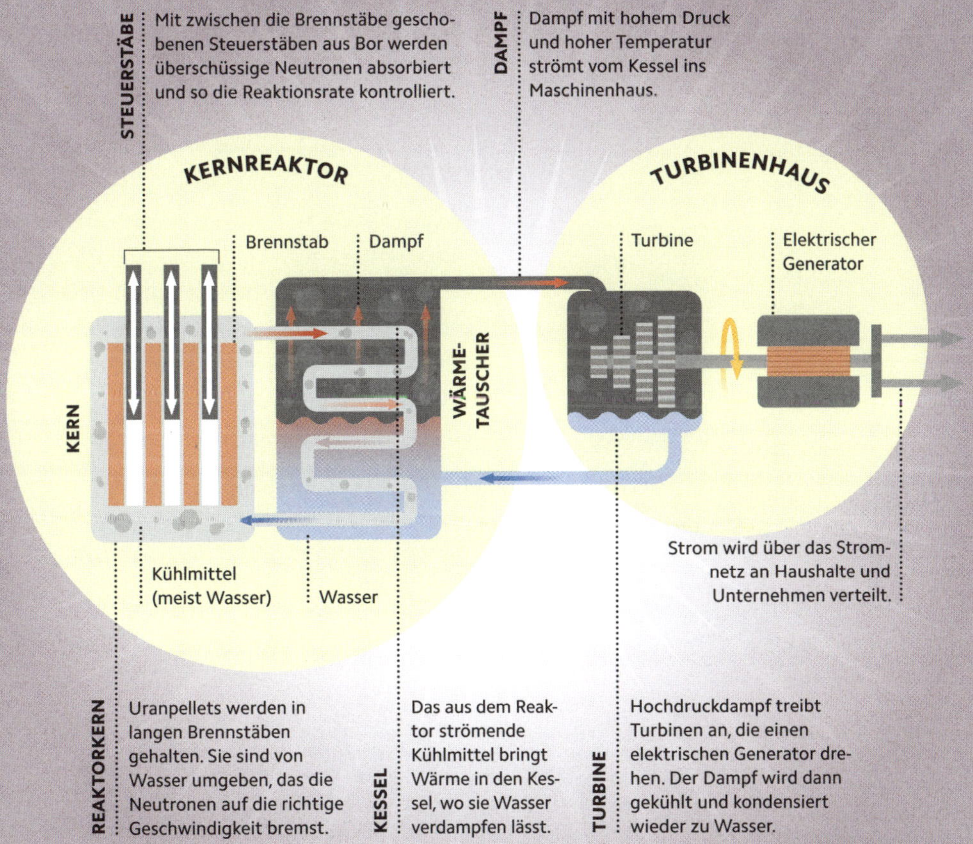

WENN KERNE VERSCHMELZEN

Wenn sich zwei kleine Atomkerne nahe kommen, können sie verschmelzen (fusionieren). Eine solche Kernfusion findet in Sternen statt. Dazu müssen die Bedingungen stimmen. Wenn die Kerne zu langsam sind, ist die elektrische Abstoßung zwischen ihnen zu groß. Wenn sie zu schnell sind, rasen sie aneinander vorbei. Bei einer mittleren Geschwindigkeit können sich die beiden Kerne jedoch so nahe kommen, dass die starke Kernkraft die elektrische Abstoßung überwindet und die Kerne verschmelzen. Wie bei der Kernspaltung (siehe S. 24) wird Energie freigesetzt und von schnellen Neutronen abgeführt.

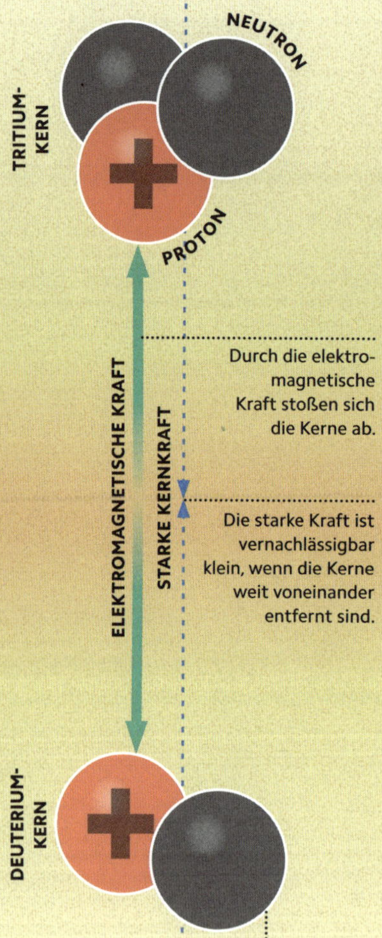

LANGSAME KERNE

Bei niedriger Temperatur bewegen sich Atomkerne langsam. Die elektrische Abstoßung zwischen den Kernen zweier Wasserstoffisotope – Deuterium (H-2) und Tritium (H-3), die beide positiv geladen sind – bedeutet, dass sie sich nicht nahe genug kommen.

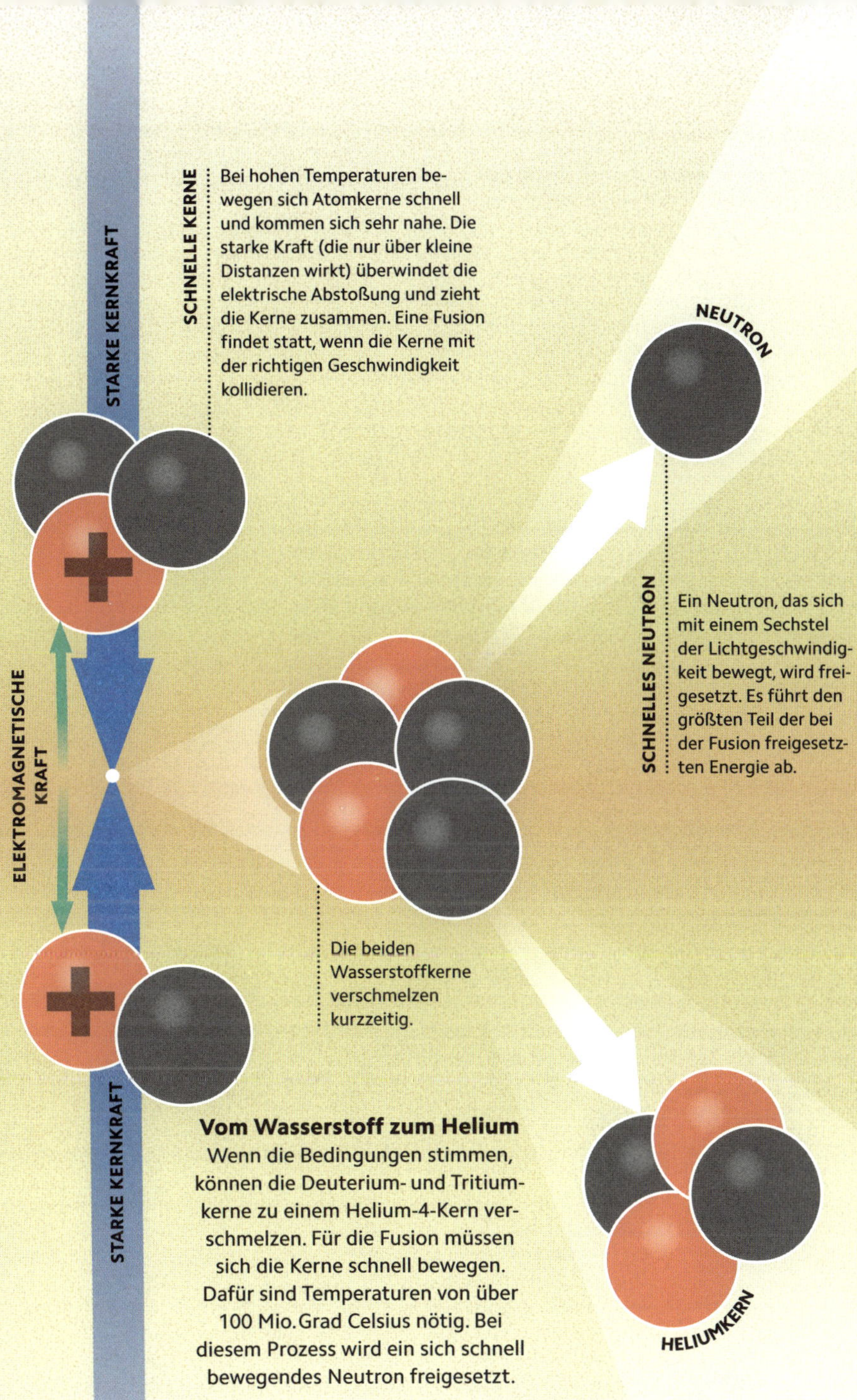

Bei hohen Temperaturen bewegen sich Atomkerne schnell und kommen sich sehr nahe. Die starke Kraft (die nur über kleine Distanzen wirkt) überwindet die elektrische Abstoßung und zieht die Kerne zusammen. Eine Fusion findet statt, wenn die Kerne mit der richtigen Geschwindigkeit kollidieren.

Ein Neutron, das sich mit einem Sechstel der Lichtgeschwindigkeit bewegt, wird freigesetzt. Es führt den größten Teil der bei der Fusion freigesetzten Energie ab.

Die beiden Wasserstoffkerne verschmelzen kurzzeitig.

Vom Wasserstoff zum Helium

Wenn die Bedingungen stimmen, können die Deuterium- und Tritiumkerne zu einem Helium-4-Kern verschmelzen. Für die Fusion müssen sich die Kerne schnell bewegen. Dafür sind Temperaturen von über 100 Mio. Grad Celsius nötig. Bei diesem Prozess wird ein sich schnell bewegendes Neutron freigesetzt.

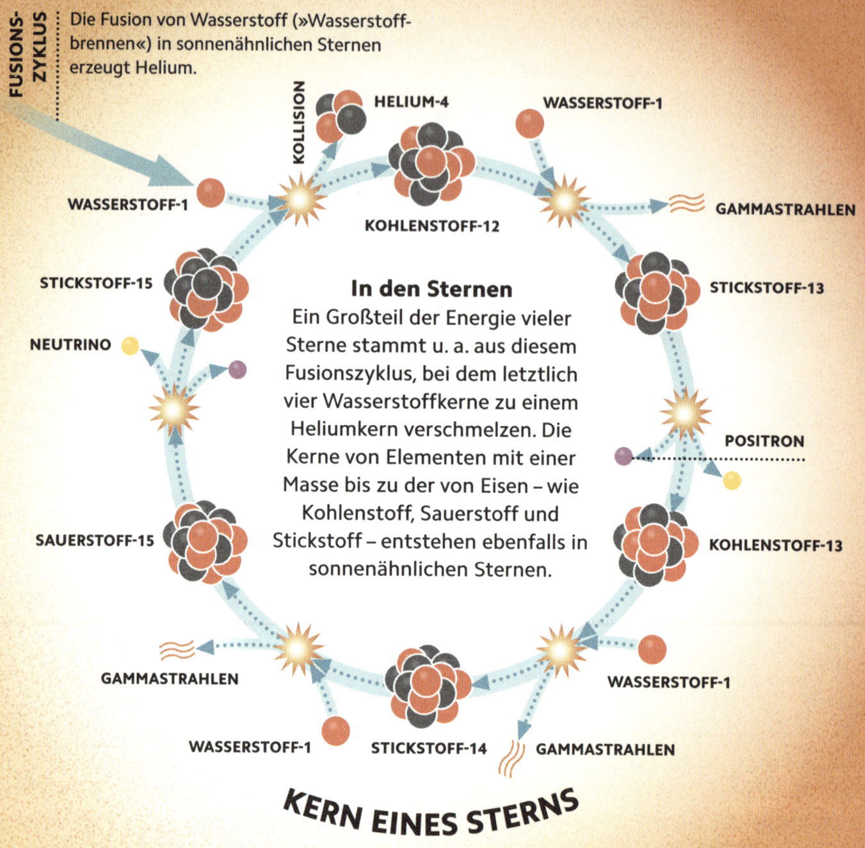

In den Sternen
Ein Großteil der Energie vieler Sterne stammt u. a. aus diesem Fusionszyklus, bei dem letztlich vier Wasserstoffkerne zu einem Heliumkern verschmelzen. Die Kerne von Elementen mit einer Masse bis zu der von Eisen – wie Kohlenstoff, Sauerstoff und Stickstoff – entstehen ebenfalls in sonnenähnlichen Sternen.

ELEMENTFABRIKEN

Die Bildung von Atomkernen nennt man Nukleosynthese. Die Kerne der leichtesten Elemente (Wasserstoff, Helium und Lithium) entstanden Minuten nach dem Urknall (siehe S. 151), als sich winzige Teilchen zu Protonen und Neutronen verbanden. Schwerere Kerne begann erst etwa 500 Mio. Jahre später durch die Kernfusion in großen Sternen und wenn Riesensterne als Supernovae explodierten (siehe S. 147).

HEFTIGE KOLLISIONEN

Ein Großteil unseres Wissens über die Materie stammt aus Experimenten, bei denen geladene Teilchen wie Protonen mit nahezu Lichtgeschwindigkeit aufeinanderprallen. Diese hochenergetischen Kollisionen erzeugen exotische Teilchen wie Quarks, Leptonen und Bosonen (siehe S. 34–35) und liefern Hinweise auf die Natur der Materie.

STRAHLINJEKTION

Zwei Strahlen hochenergetischer Teilchen werden in entgegengesetzter Richtung in die kreisförmige Röhre injiziert.

Starke Elektromagnete bündeln die Teilchenstrahlen und zwingen sie auf Kreisbahnen.

STRAHLFOKUSSIERUNG

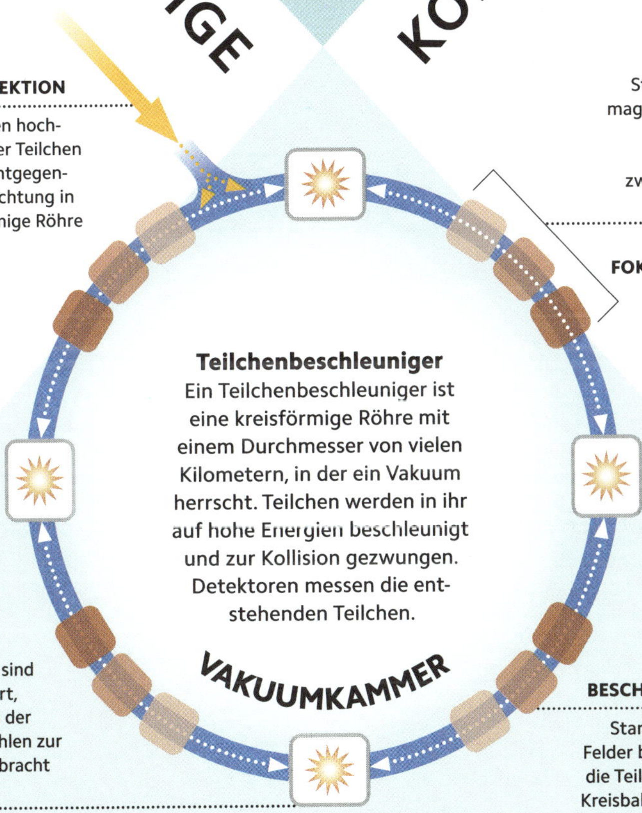

Detektoren sind dort platziert, wo Teilchen der beiden Strahlen zur Kollision gebracht werden.

NACHWEIS VON KOLLISIONEN

BESCHLEUNIGUNG

Starke elektrische Felder beschleunigen die Teilchen auf ihrer Kreisbahn auf nahezu Lichtgeschwindigkeit.

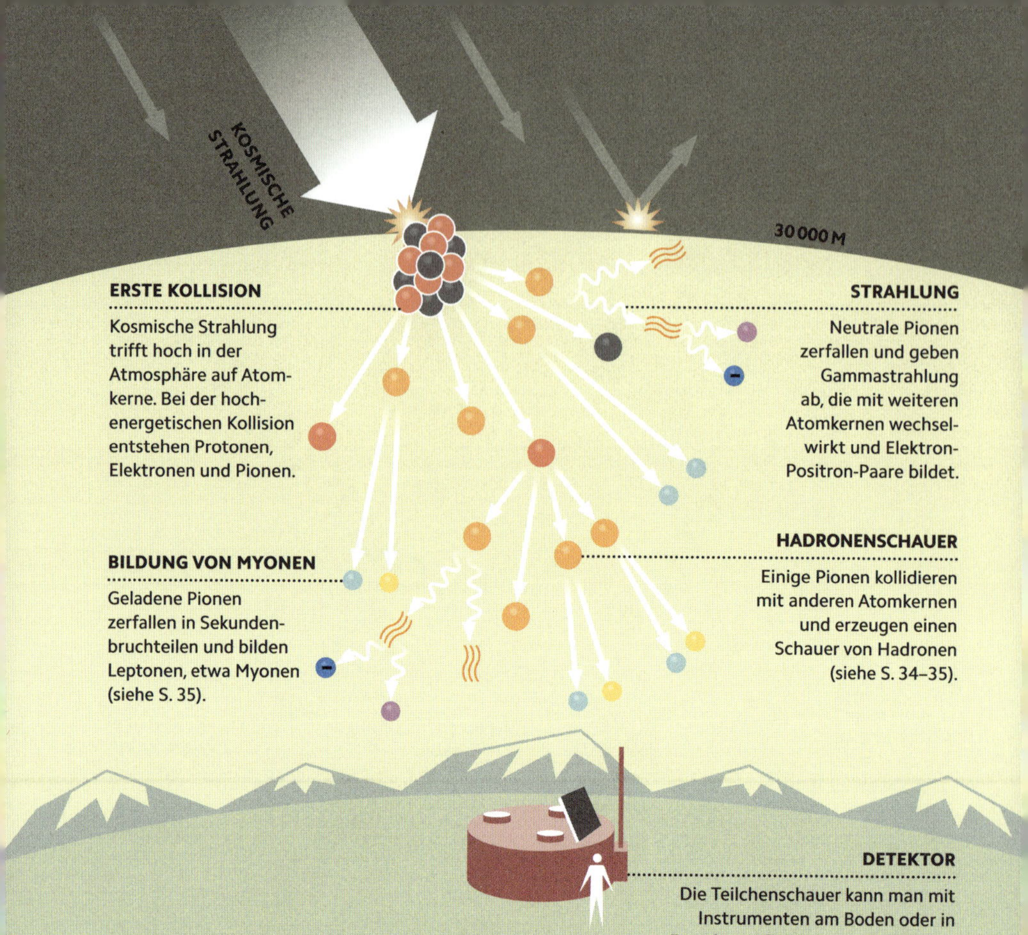

TEILCHENZOO

Unser Planet wird täglich von kosmischer Strahlung bombardiert. Zwar nennt man sie Strahlung, es sind jedoch Teilchen: freie Atomkerne von der Sonne und von außerhalb des Sonnensystems, die mit hoher Energie nahezu lichtschnell ankommen. Das Magnetfeld der Erde lenkt die meisten ab, aber einige treffen Moleküle in der Atmosphäre und erzeugen Teilchenschauer, die auf die Erde niederregnen. Viele der so erzeugten Teilchen sind instabil und zerfallen. Durch die Analyse der Zerfallsprodukte fand man viel über die ursprünglichen Teilchen heraus. Antimaterie (siehe gegenüberliegende Seite) und Myonen sind Teil des exotischen »Teilchenzoos«, den die kosmische Strahlung liefert.

MATERIE IM SPIEGEL

Die Welt, die wir sehen und berühren können, besteht aus Materie. Für jede Art von Teilchen – wie Elektron und Proton – gibt es jedoch ein entsprechendes Antiteilchen mit umgekehrten Eigenschaften, etwa Ladung und Spin. Bestimmte Arten von Antimaterie sind weit verbreitet. So entstehen Positronen (Antielektronen) beim Betazerfall einiger radioaktiver Elemente. Es gibt jedoch offenbar viel weniger Antimaterie als Materie im Universum – eine Beobachtung, die wir noch nicht gut erklären können.

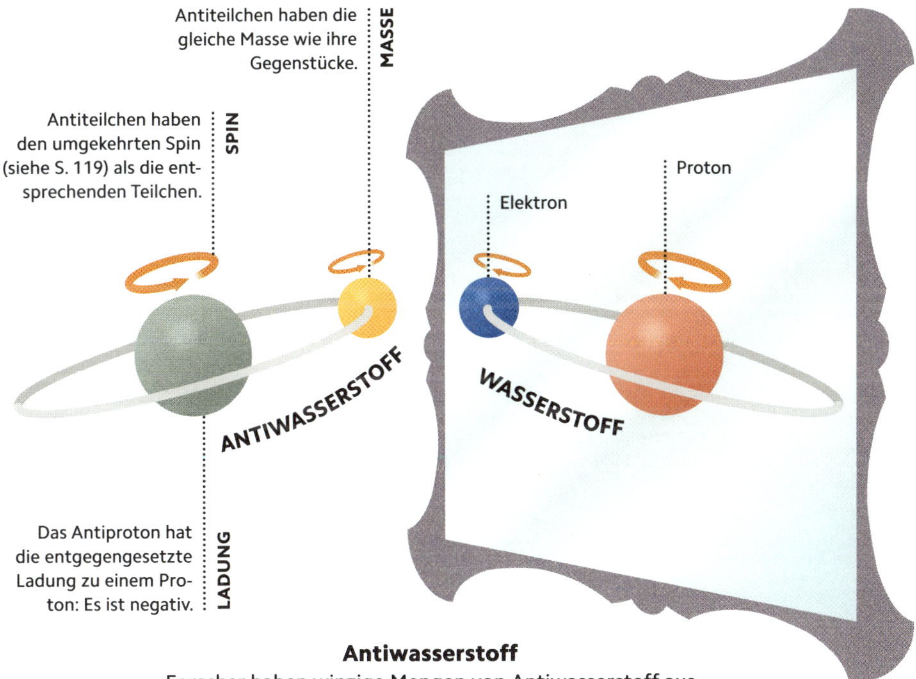

Antiwasserstoff
Forscher haben winzige Mengen von Antiwasserstoff aus Energie hergestellt. Materie- und Antimaterie-Teilchen entstehen immer paarweise. Wenn sie aufeinandertreffen, vernichten sie sich gegenseitig in einem Energieblitz.

Alle anderen Kräfte im Universum leiten sich letztlich von den vier Grundkräften ab.

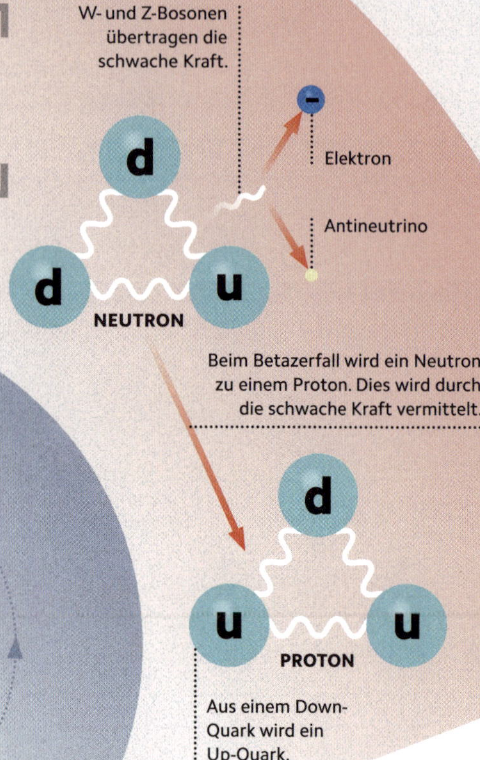

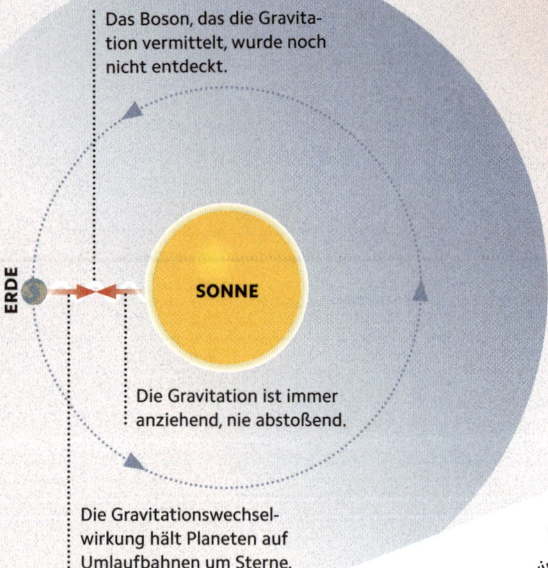

Gravitation (Schwerkraft)

Die schwächste der vier Kräfte, die Schwerkraft, dominiert die anderen über große Distanzen, da sie eine unendliche Reichweite hat und immer anziehend ist. Im winzigen Maßstab der Teilchen ist sie aber so schwach, dass sie fast vernachlässigbar ist.

Schwache (Kern-)Kraft

Sie wirkt nur bei Abständen von etwa dem 0,001-Fachen des Durchmessers eines Protons. Sie spielt bei einigen subatomaren Reaktionen eine Rolle, darunter auch beim Betazerfall (siehe oben).

SCHWACH

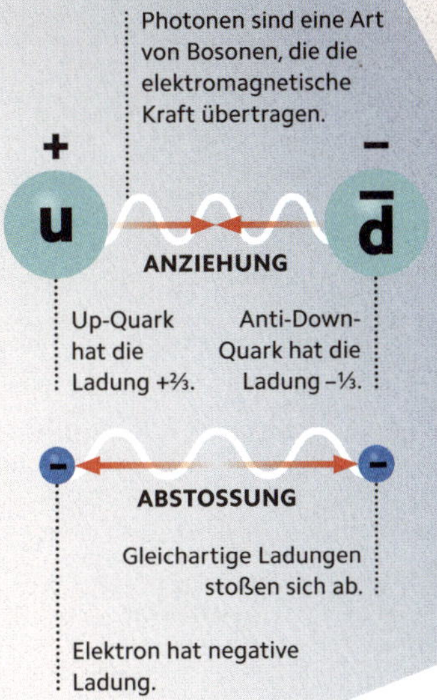

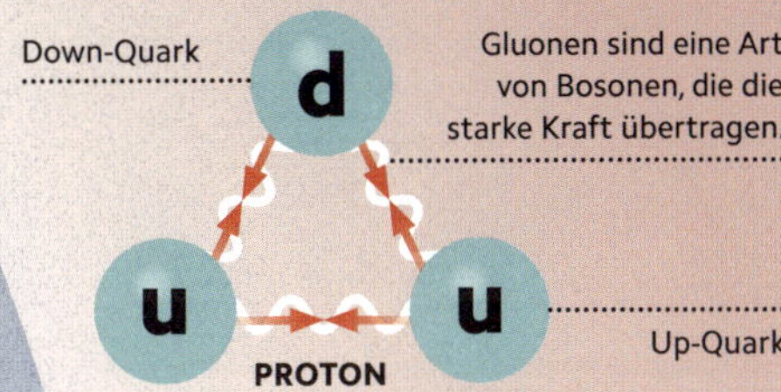

Starke (Kern-)Kraft
Sie ist die stärkste der vier Kräfte, hat aber eine Reichweite von nur einem Atomkern. Die starke Kraft bindet Quarks zu größeren Teilchen zusammen.

STARK

Elektromagnetische Kraft
Sie ist weitaus stärker als die Schwerkraft und kann anziehend oder abstoßend wirken. Materie besteht aus positiv und negativ geladenen Teilchen, die meist in gleicher Anzahl vorliegen und sich gegenseitig abschirmen.

WAS ALLES ZUSAMMENHÄLT

Alle Materie besteht aus Elementarteilchen, den Quarks und Leptonen (siehe S. 34–35), unter dem Einfluss von nur vier Kräften oder Wechselwirkungen. Zwei davon – Elektromagnetismus und Gravitation – wirken im großen Maßstab. So steuert der Elektromagnetismus das Verhalten des elektrischen Stroms im Haushalt und die Gravitation hält die Planeten auf ihren Bahnen. Die beiden anderen Kräfte – die starke und die schwache Kernkraft – wirken über winzige Distanzen von Atomkerngröße oder weniger. Diese Kräfte (außer vielleicht der Gravitation) werden durch den Austausch von Trägerteilchen, den Bosonen, vermittelt.

Quarkkombinationen

Quarks kommen nie allein vor, sondern verbinden sich immer mit anderen Quarks zu Teilchen, die man Hadronen nennt. Sie können aus zwei, drei oder vier Quarks oder Antiquarks bestehen (siehe S. 31). Die Eigenschaften eines Hadrons – etwa seine Ladung – leiten sich von denen der Quarks ab.

BARYONEN

Baryonen bestehen aus drei Quarks. Protonen und Neutronen sind Beispiele für stabile Baryonen: Ein Proton ist ein Baryon, das aus zwei Up-Quarks und einem Down-Quark besteht, und ein Neutron hat ein Up-Quark und zwei Down-Quarks.

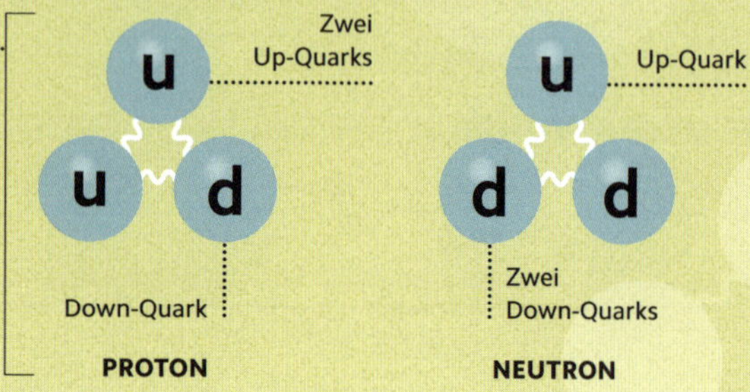

MESONEN

Mesonen, wie die hier gezeigten Beispiele, bestehen aus einem Quark und einem Antiquark, die durch die starke Kernkraft gebunden sind. Es gibt verschiedene Kombinationen von Quark-Antiquark-Paaren. Sie sind instabil und existieren nur in Übergangszuständen.

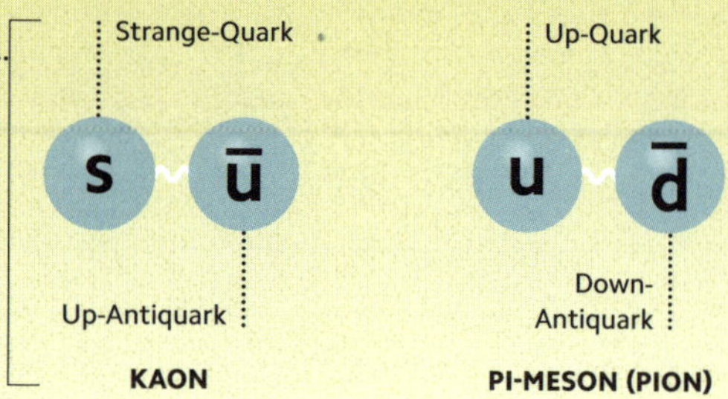

ELEMENTARSTE TEILCHEN

Die Protonen und Neutronen, die Atomkerne bilden, bestehen wiederum aus kleineren Teilchen, den Quarks. Soweit wir wissen, können diese nicht weiter zerlegt werden: Sie sind Elementarteilchen. Elektronen und Neutrinos gehören zu einer anderen Klasse von Elementarteilchen, den Leptonen. Es gibt sechs Sorten (»Flavours«) von Quarks: Up-, Down-, Charm-, Strange-, Top- und Bottom-Quarks. Ihre Namen sind historisch entstanden und sagen wenig über ihre Natur aus. Quarks werden von allen vier Grundkräften beeinflusst (siehe S. 32–33).

DAS IST ALLES

Unser Wissen über Elementarteilchen und die auf sie wirkenden Grundkräfte oder fundamentalen Wechselwirkungen fasst das sogenannte Standardmodell zusammen. Es umfasst sechs Quark- und sechs Leptonarten. Für jedes dieser Teilchen existiert ein entsprechendes Antiteilchen (siehe S. 31). Darüber hinaus umfasst das Standardmodell die fünf Eichbosonen, die die auf Materie wirkenden Grundkräfte übertragen (siehe S. 32–33). Die Gravitation ist im Standardmodell nicht enthalten.

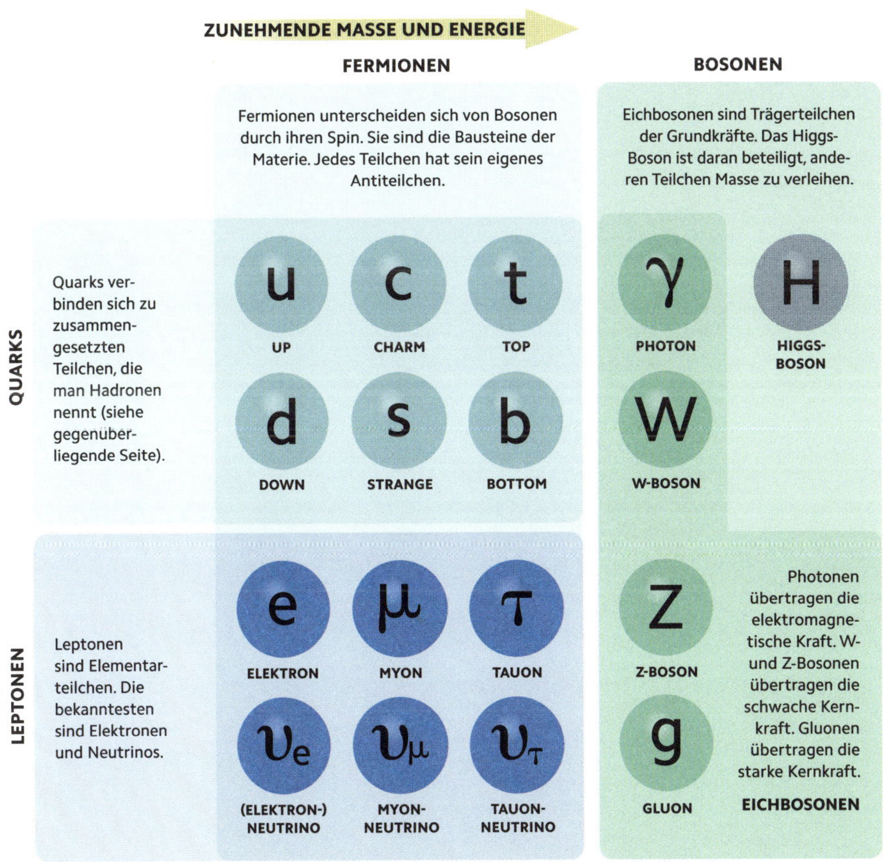

KRÄFT
BEWEG

E UND
UNG

Wenn eine Kraft auf ein Objekt wirkt, kann sie seinen Bewegungszustand oder seine Form ändern. Die Folgen solcher Wechselwirkungen zu erklären – und vorhersagen zu können – ist einer der grundlegendsten Aspekte der Physik. Damit können wir die Bewegung der Planeten und Sterne verstehen und Maschinen und Materialien entwickeln, die die Welt verändern. Die Bewegungsgesetze von Isaac Newton bilden die Grundlage der klassischen Physik. Sie beruhen jedoch darauf, dass die Konzepte von Länge, Zeit und Masse absolut sind. Dies trifft für sehr schnell bewegte oder sehr kleine Objekte nicht mehr zu. Für sie gelten die moderneren Gesetze der Relativitätstheorie und der Quantenmechanik.

NUR BETRAG

MASSE
Masse ist eine Eigenschaft aller Materie: ein Maß für die Trägheit, also wie stark ein Körper der Bewegungsänderung widersteht, wenn eine Kraft wirkt.

TEMPERATUR
Die Temperatur ist ein Maß für die durchschnittliche Bewegungsenergie (kinetische Energie) aller Teilchen in einem Körper.

STRECKE
Die Strecke ist ein Maß dafür, wie weit sich ein Körper bewegt.

Skalare Größen

Eine Größe, deren Wert anhand einer Einheitenskala (wie Kilogramm, Grad Celsius oder Meter) ohne Richtung gemessen wird, nennt man skalare Größe.

BETRAG

KRAFT
Bei einer Kraft ist nicht nur wichtig, wie stark sie ist (Betrag), sondern auch, in welche Richtung sie wirkt.

GESCHWINDIGKEIT
Zwar gibt man im Alltag Geschwindigkeiten oft nur als reine Zahl (z. B. 30 km/h) an, aber in der Physik haben sie immer auch eine Richtung.

BESCHLEUNIGUNG
Wie die Geschwindigkeit hat auch die Beschleunigung immer eine Richtung.

Vektorielle Größen

Um eine Vektorgröße vollständig anzugeben, muss man sowohl ihre Größe als auch ihre Richtung nennen.

RICHTUNG

Addition von Vektoren
Wenn mehrere Kräfte oder Geschwindigkeiten vorkommen, muss man ihre Vektoren addieren. Ein praktisches Beispiel ist die Berechnung der Gesamtkraft in Newton (N), wenn zwei Schlepper ein Schiff schleppen.

GRÖSSE UND RICHTUNG

In der Physik misst man viele verschiedene Größen. Einige wie Temperatur, Länge, Masse und Energie haben nur einen Betrag (Zahlenwert). Man nennt sie skalare Größen. Andere, die vektoriellen Größen, haben sowohl einen Betrag als auch eine Richtung, etwa Geschwindigkeit, Beschleunigung (Änderungsrate der Geschwindigkeit) und Kraft. Vektoren stellt man oft als Pfeile dar. Wenn man Vektoren addiert, muss man nicht nur die Beträge, sondern auch die Richtungen beachten. Umgekehrt kann man einen Vektor in mehrere Komponenten für jede einzelne Richtung zerlegen.

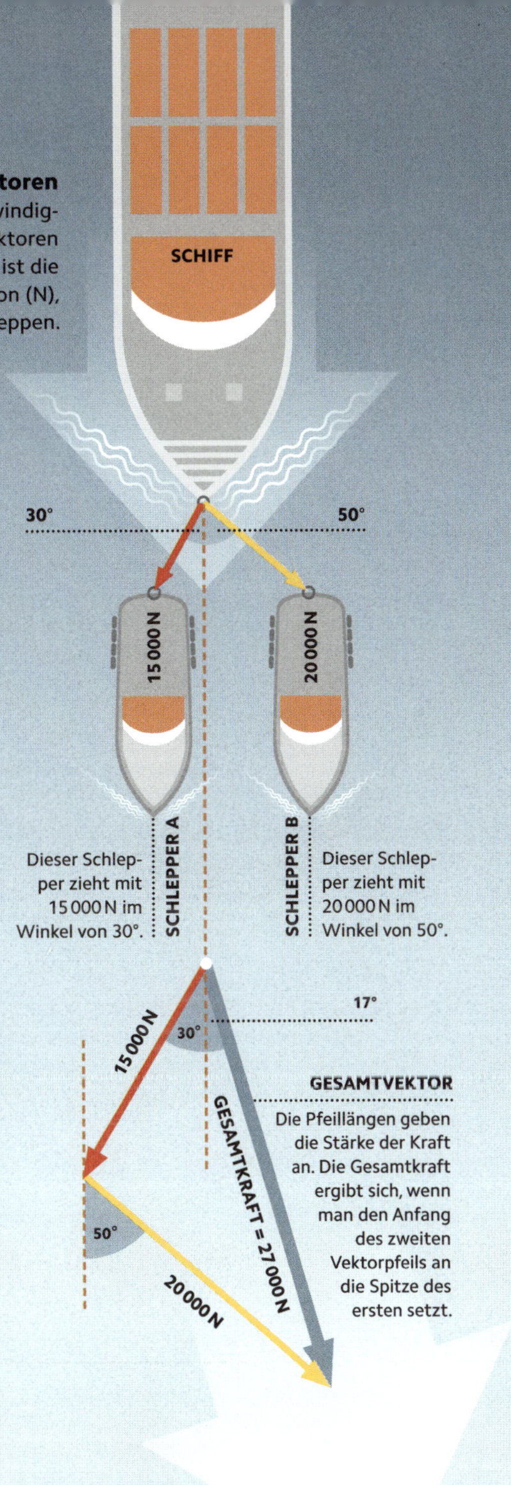

PRAKTISCHE MECHANIK

Die drei Bewegungsgesetze, die Isaac Newton im 17. Jahrhundert formuliert hat, beschreiben die Beziehung zwischen der Bewegung eines Körpers und den auf ihn einwirkenden Kräften. Die Newton'schen Gesetze sind grundlegend für die klassische Mechanik und erklären u.a. die Bewegung der Planeten. Sie gelten jedoch nicht für Geschwindigkeiten nahe der Lichtgeschwindigkeit oder für das Verhalten subatomarer Teilchen, für die die Relativitätstheorien (siehe S. 126–137) und die Quantenphysik (siehe S. 108–125) erforderlich sind.

Erstes Newton'sches Gesetz

Ein Körper bleibt in Ruhe oder in gleichmäßiger Bewegung, solange keine Kraft auf ihn wirkt. So bleibt ein ruhender Eishockeypuck unbeweglich und ein auf dem Eis gleitender Puck wird immer weiter gleiten, wenn man keine Kraft auf ihn ausübt.

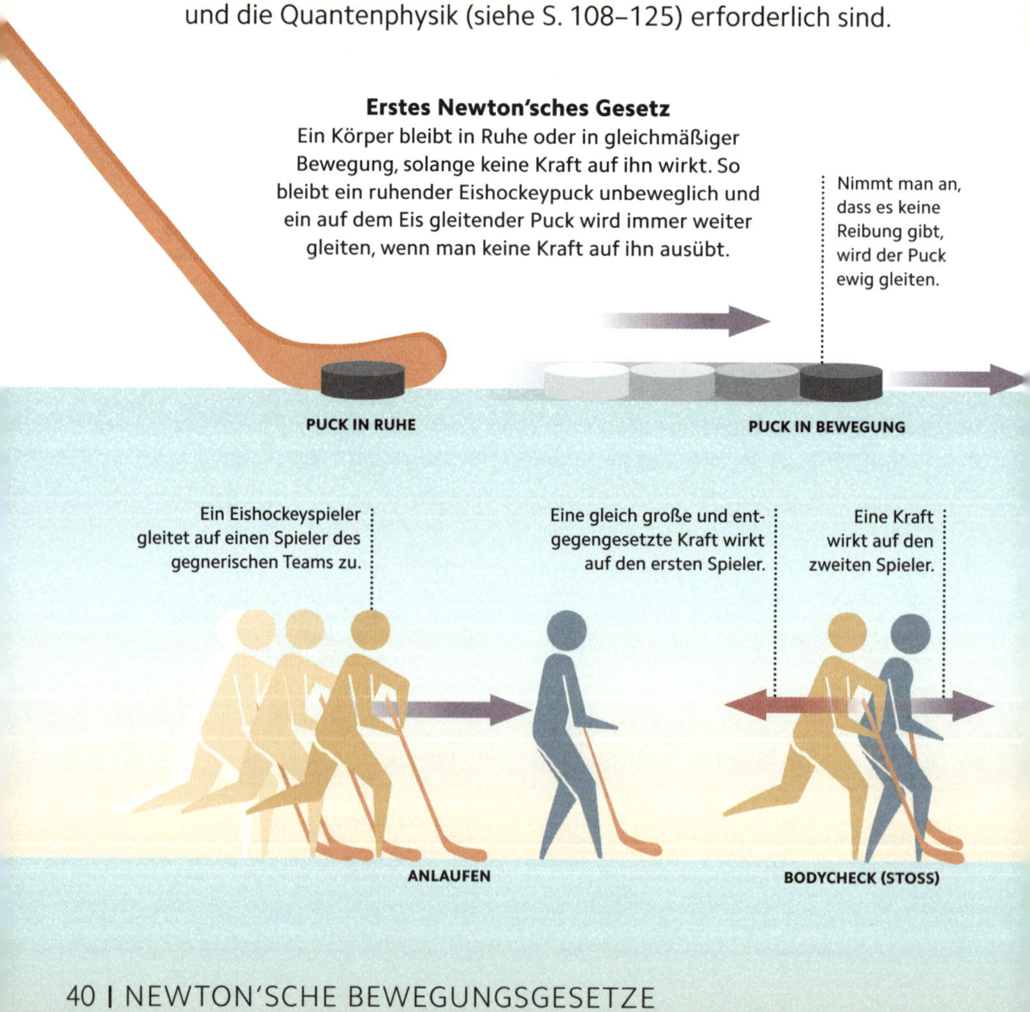

> »Die Natur schwelgt nicht in überflüssigen Ursachen.«
>
> Isaac Newton, *Principia*

Zweites Newton'sches Gesetz

Wenn eine konstante Kraft auf eine Masse wirkt, wird die Masse beschleunigt. Die Beschleunigung ist umso höher, je größer die Kraft und je kleiner die Masse ist. Beschleunigung ist eine Änderung des Tempos und der Richtung der Bewegung, da Geschwindigkeit ein Vektor ist (siehe S. 38–39).

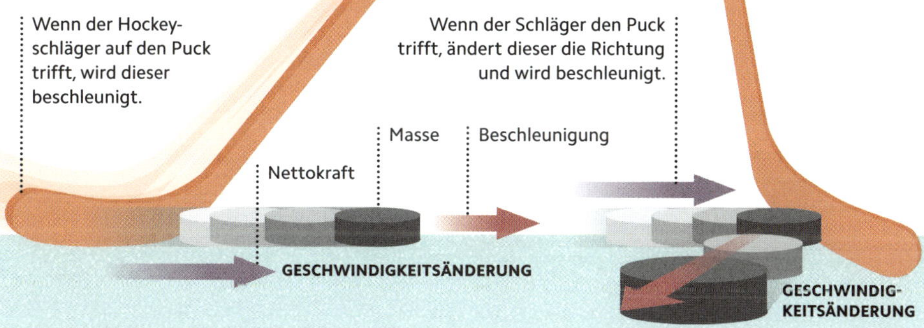

Drittes Newton'sches Gesetz

Zu jeder Kraft (*Actio*) gibt es eine gleich große, aber entgegengesetzt gerichtete Gegenkraft (*Reactio*). Wenn ein Eishockeyspieler einen anderen stößt, erfahren also beide eine Beschleunigung.

Elastische und unelastische Stöße
Beim elastischen Stoß bleibt die gesamte kinetische Energie der Objekte unverändert. Beim unelastischen Stoß wird ein Teil in Wärme oder Schall umgewandelt. In jedem Fall bleibt der Gesamtimpuls des Systems erhalten. Stöße zwischen Snookerkugeln sind nahezu elastisch.

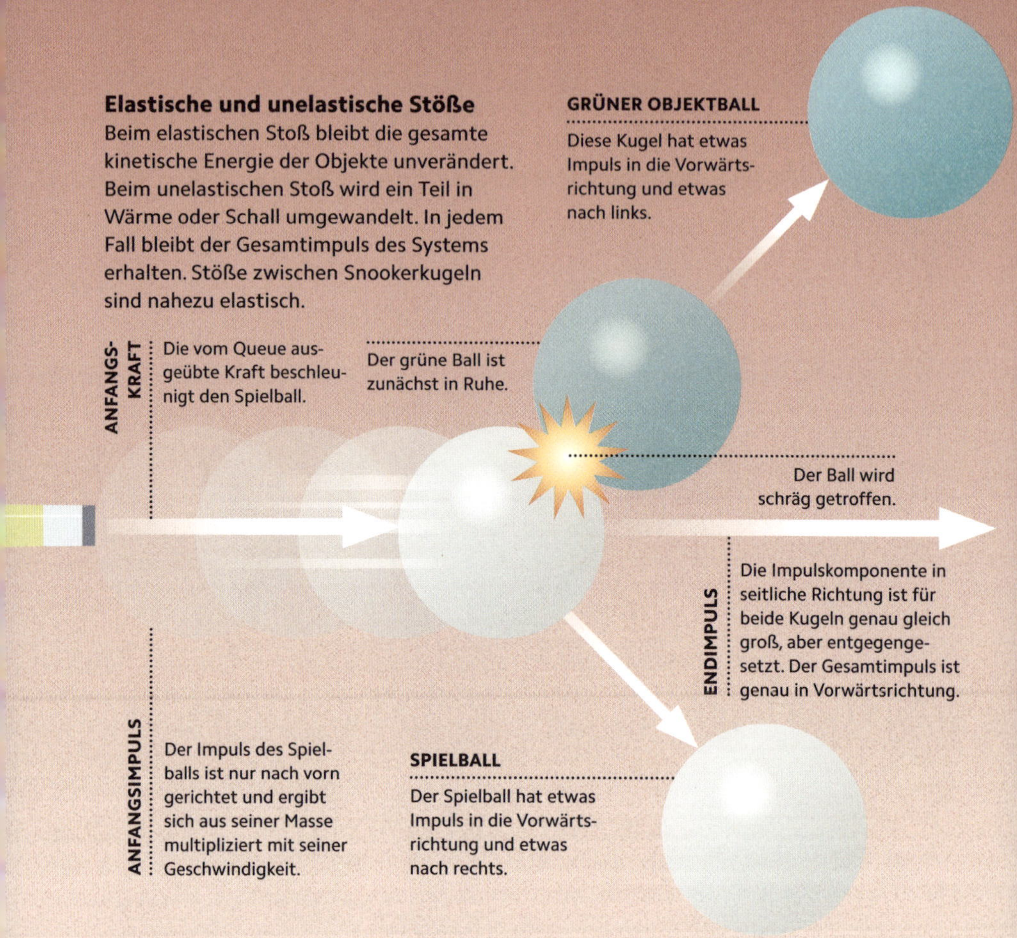

BEWEGUNGSGRÖSSEN

Der Impuls ist ein Maß für die Bewegung eines Körpers: seine Masse multipliziert mit seiner Geschwindigkeit. Wie die Geschwindigkeit ist der Impuls eine Vektorgröße (siehe S. 38). Das dritte Newton'sche Gesetz (siehe S. 41) besagt, dass in einem geschlossenen System, etwa bei einer Kollision zwischen Objekten, der Impuls erhalten bleibt. Das bedeutet, der Gesamtimpuls der kollidierenden Objekte ändert sich nicht, er wird aber zwischen den Objekten anders verteilt.

Stoß von ungleichen Massen
Wenn zwei Körper mit unterschiedlicher Masse kollidieren, ändert sich die Geschwindigkeit des massereicheren Körpers weniger als die des masseärmeren. Deshalb ist bei einem Autounfall das schwerere Auto weniger betroffen.

> **Ein rotierender Körper hat ein Drehmoment, das ebenfalls eine Erhaltungsgröße ist.**

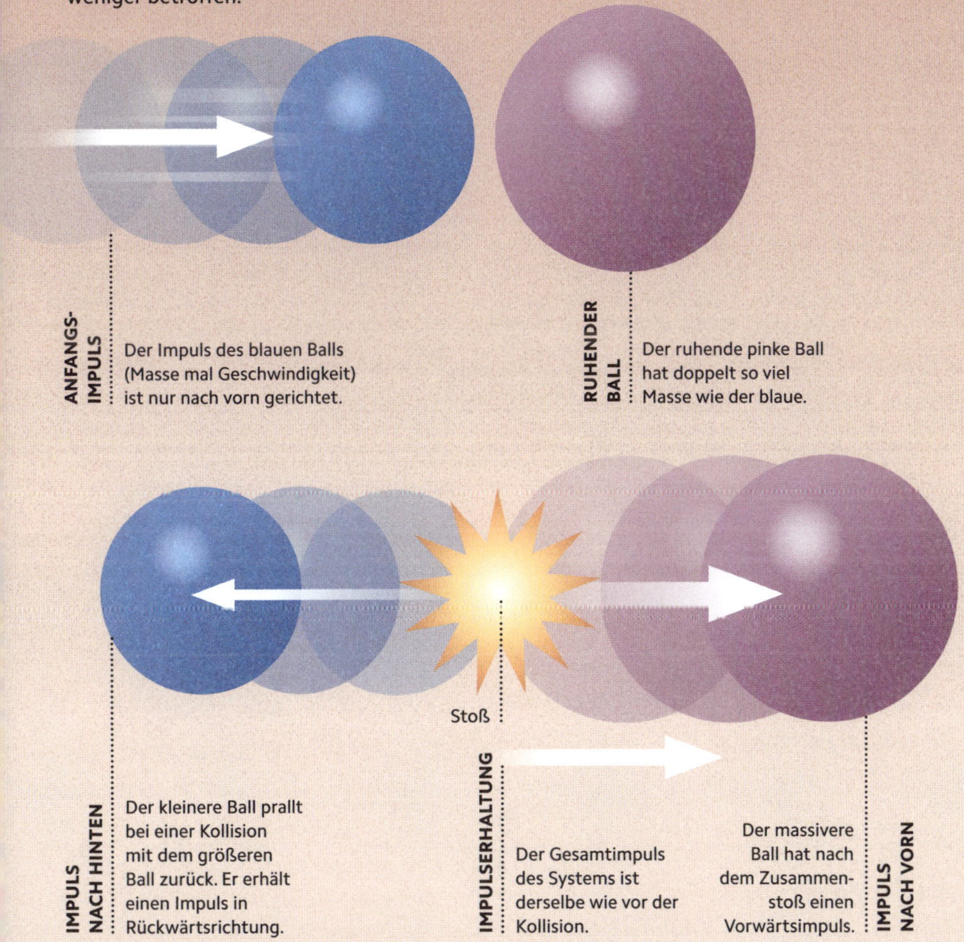

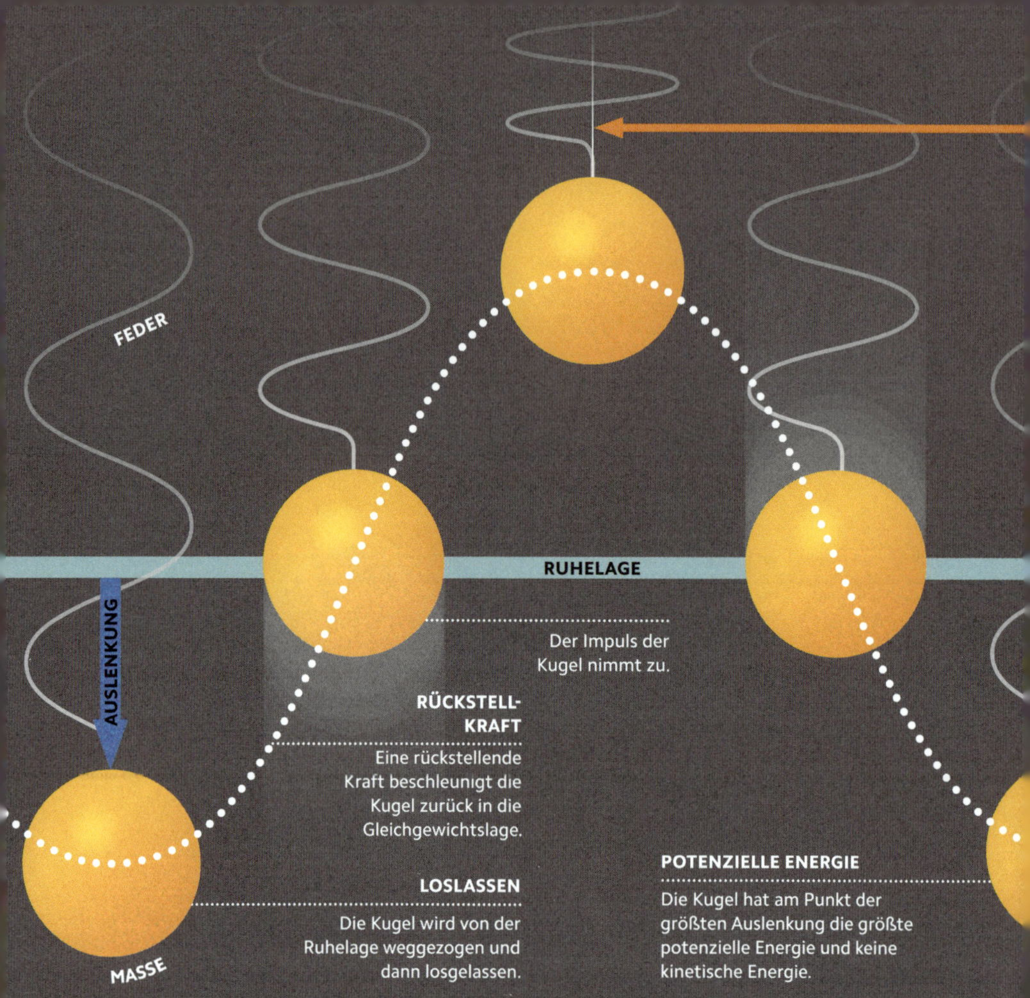

Körper an einer Feder
Eine Kugel an einer Feder zeigt eine harmonische Schwingung, wenn man sie aus der Ruhelage auslenkt. Die Frequenz der Schwingung ist immer gleich, egal wie weit man die Kugel am Anfang auslenkt. Die Frequenz hängt nur von der Masse der Kugel und der Stärke der Feder ab.

> Der harmonische Oszillator beschreibt sowohl Pendelschwingungen als auch die Vibration von Molekülen.

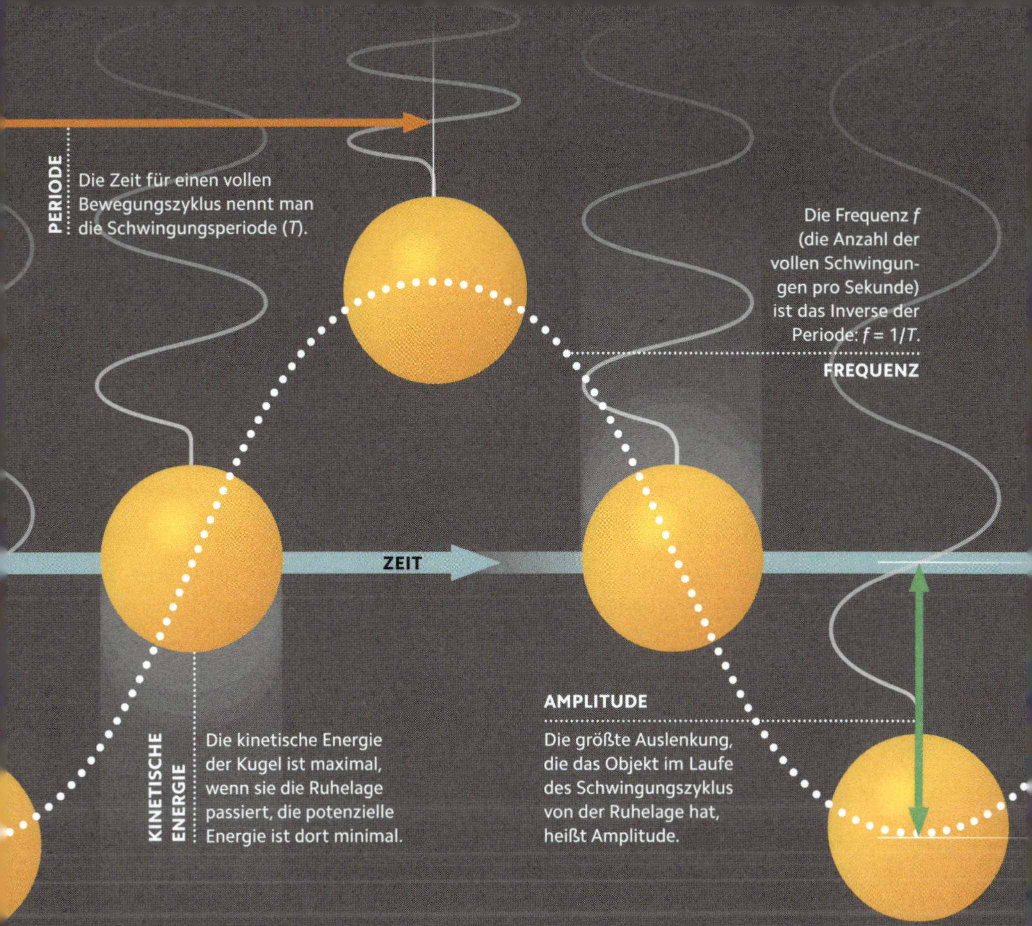

SCHWINGUNGEN

Ein harmonischer Oszillator ist ein System, das eine periodische (regelmäßig wiederholte) Hin- und Herbewegung ausführt. Schwingungen liegen auch Wellenphänomenen wie Schall-, Wasser- und Radiowellen zugrunde. Bei der harmonischen Schwingung gibt es eine Gleichgewichts- oder Ruhelage, in der das Objekt keine Nettokraft erfährt und in Ruhe bleibt, wenn es nicht gestört wird. Wenn es von diesem Punkt wegbewegt wird, erfährt es eine Rückstellkraft, die proportional zur Auslenkung (dem Abstand zur Ruhelage) ist. Diese Kraft zieht es stets in Richtung der Ruhelage zurück, aber wegen seines Impulses schießt das Objekt über die Ruhelage hinaus und die Kraft kehrt sich um.

IMMER IM KREIS

Nach dem zweiten Newton'schen Gesetz (siehe S. 40–41) ist eine Kraft nötig, um die Bewegungsrichtung eines Körpers zu ändern. Ein Körper auf einer Kreisbahn ändert ständig seine Richtung und daher muss eine konstante Kraft in Richtung des Kreismittelpunkts wirken. Man nennt sie Zentripetalkraft. Wenn man einem Objekt an einer Schnur herumwirbelt, stellt die Zugkraft der Schnur die Zentripetalkraft dar. Bei einem Planeten in einer Umlaufbahn um die Sonne oder einem Satelliten um die Erde ist die Zentripetalkraft die Gravitation.

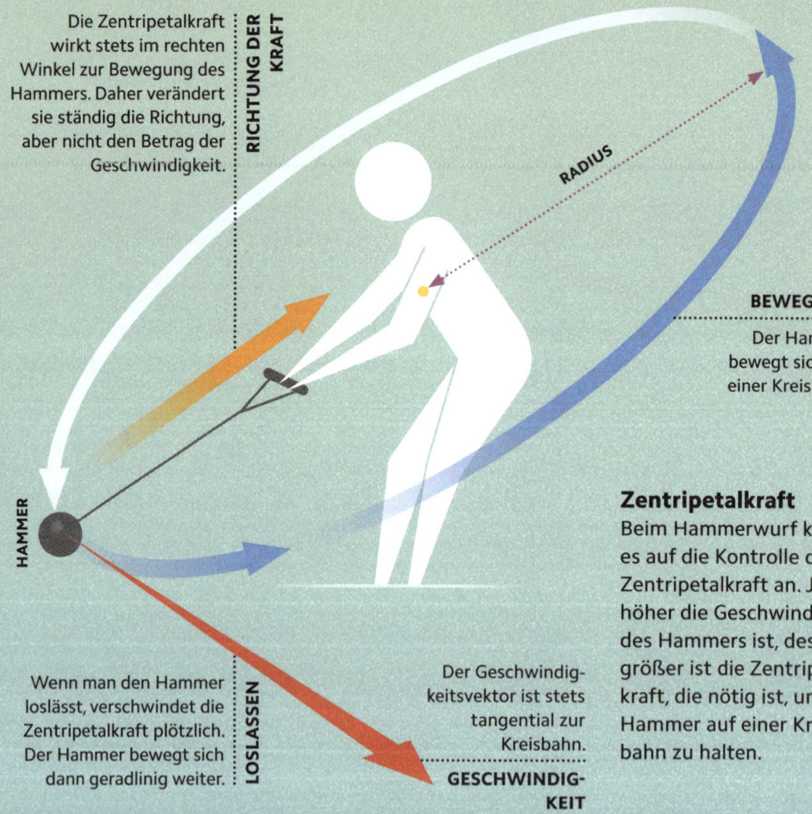

Zentripetalkraft
Beim Hammerwurf kommt es auf die Kontrolle der Zentripetalkraft an. Je höher die Geschwindigkeit des Hammers ist, desto größer ist die Zentripetalkraft, die nötig ist, um den Hammer auf einer Kreisbahn zu halten.

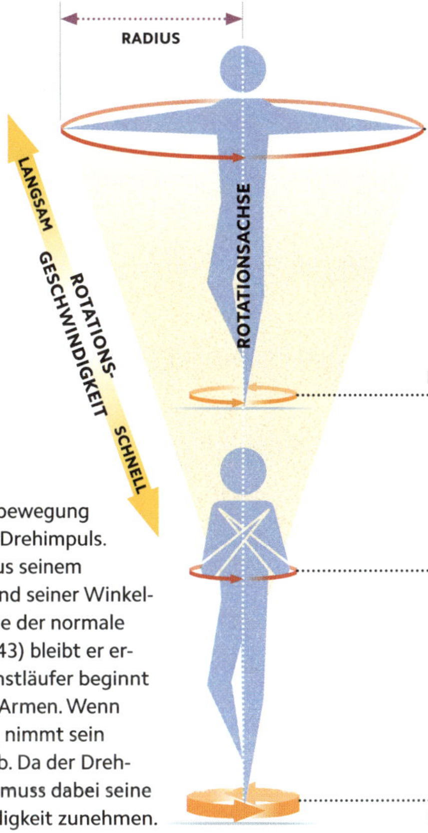

Drehimpuls
Die Stärke der Drehbewegung eines Körpers heißt Drehimpuls. Er ist das Produkt aus seinem Trägheitsmoment und seiner Winkelgeschwindigkeit. Wie der normale Impuls (siehe S. 42–43) bleibt er erhalten. Dieser Eiskunstläufer beginnt mit ausgestreckten Armen. Wenn er die Arme anzieht, nimmt sein Trägheitsmoment ab. Da der Drehimpuls konstant ist, muss dabei seine Rotationsgeschwindigkeit zunehmen.

ROTATION

Eine Drehbewegung entsteht, wenn eine Kraft in einem Abstand von der Achse wirkt. Eine solche drehende Kraft nennt man Drehmoment. Es ist proportional zur Größe der Kraft und zu ihrem Abstand von der Achse. So, wie bei einer geradlinigen Bewegung eine Kraft die Geschwindigkeit verändert, ändert ein Drehmoment die Winkelgeschwindigkeit einer Rotation.

Beschleunigung
Die Gravitationskraft zwischen Körpern bewirkt, dass sie aufeinander zu beschleunigen. Die durch die Schwerkraft verursachte Beschleunigung wird in Metern pro Sekunde gemessen und meist mit dem Buchstaben *g* bezeichnet.

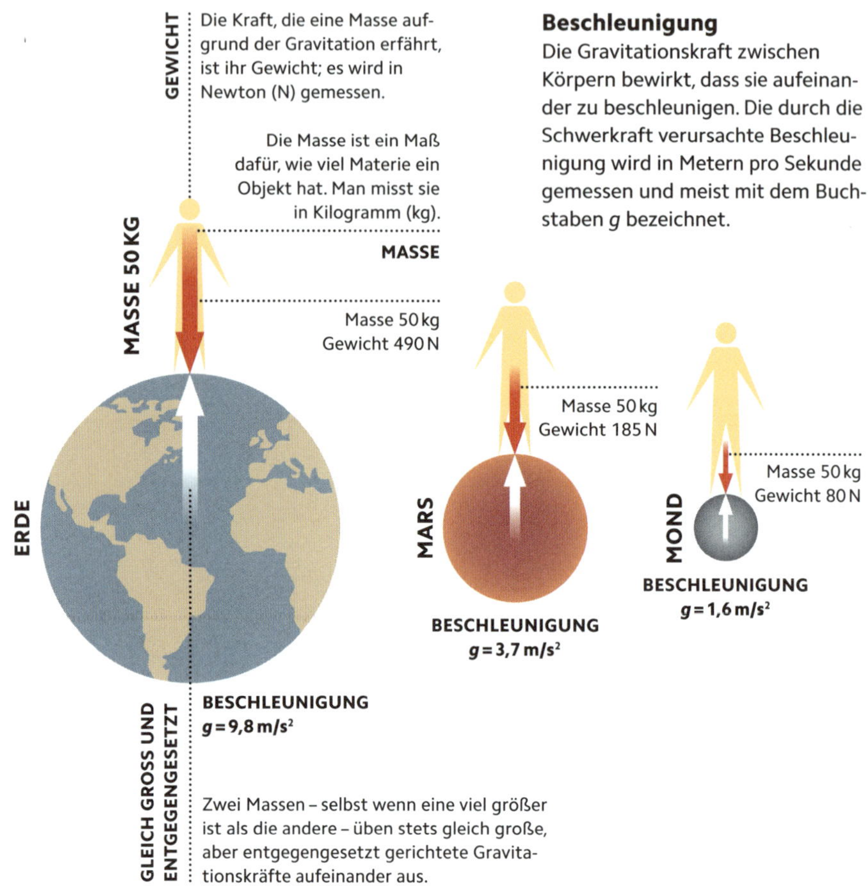

ANZIEHUNG DER MATERIE

Die Gravitation oder Schwerkraft ist eine der Grundkräfte (siehe S. 32–33). Sie wirkt immer anziehend und beeinflusst alle Körper mit Masse, sie ist ein Maß für die Materiemenge. Je größer die Masse zweier Objekte ist und je näher sie beieinanderliegen, desto größer ist ihre Anziehungskraft. Die moderne Physik betrachtet die Gravitation nicht als Kraft, sondern als Folge der Krümmung der Raumzeit (siehe S. 136).

BREMSENDE KRAFT

Reibung ist eine Kraft zwischen zwei sich berührenden Oberflächen. Sie wirkt der Bewegung zwischen den Oberflächen entgegen und entsteht durch die Wechselwirkung zwischen Atomen und Molekülen auf mikroskopischer Ebene. Die Größe der Reibungskraft ist proportional zur sogenannten Normalkraft: der Kraft, die die beiden Oberflächen zusammendrückt. Auf einer horizontalen Fläche entspricht die Normalkraft dem Gewicht des Körpers.

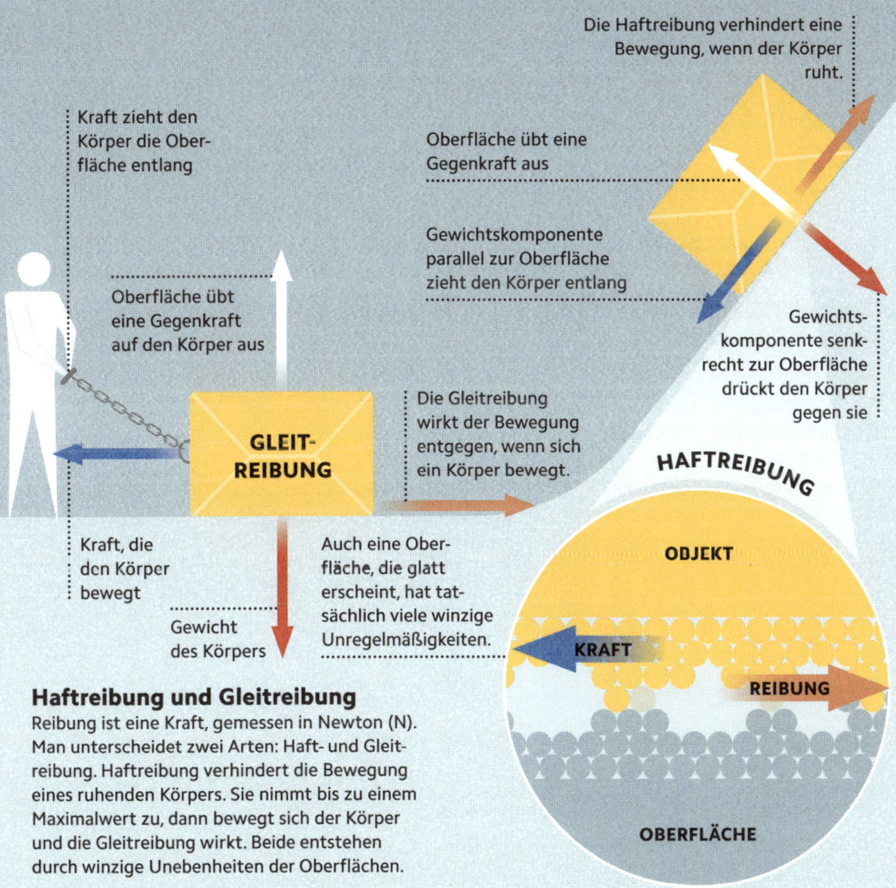

Haftreibung und Gleitreibung

Reibung ist eine Kraft, gemessen in Newton (N). Man unterscheidet zwei Arten: Haft- und Gleitreibung. Haftreibung verhindert die Bewegung eines ruhenden Körpers. Sie nimmt bis zu einem Maximalwert zu, dann bewegt sich der Körper und die Gleitreibung wirkt. Beide entstehen durch winzige Unebenheiten der Oberflächen.

KRAFTWANDLER

Hebel, Räder, Achsen, schiefe Ebenen und Flaschenzüge sind einfache Maschinen: Vorrichtungen, die die Richtung und/oder die Größe von Kräften verändern. Wenn die Last (also die Kraft, die die Maschine ausübt) größer ist als die aufgewandte Kraft, ist es eine Maschine mit Kraftgewinn. Dann wird die Last aber über einen kürzeren Weg bewegt als die aufgewandte Kraft. Eine Maschine mit Weggewinn bewegt dagegen die Last über einen größeren Weg als die aufgewandte Kraft, aber dafür muss die aufgewandte Kraft größer sein. In jedem Fall ist die aufgewandte Arbeit (Kraft mal Kraftweg) ebenso groß wie die verrichtete Arbeit (Last mal Lastweg).

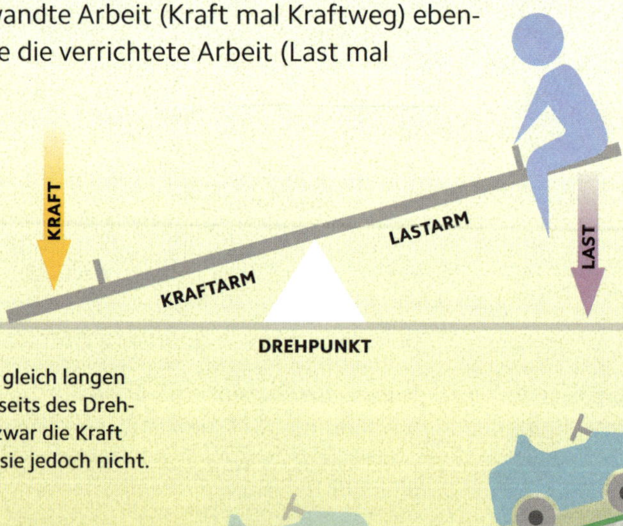

Hebel
Ein Hebel mit gleich langen Armen beiderseits des Drehpunkts lenkt zwar die Kraft um, verstärkt sie jedoch nicht.

Schiefe Ebene
Ein Auto eine schiefe Ebene hinaufzuschieben erfordert weniger Kraft als es direkt nach oben zu heben, aber man muss die Kraft über eine größere Strecke aufwenden.

Flaschenzüge

Flaschenzüge sind einfache Maschinen, die aus Rädern und Seilen oder Ketten bestehen. Durch mehrere Rollen kann man einen großen Kraftgewinn erzielen, wobei man die Eingangskraft über eine längere Distanz aufbringen muss.

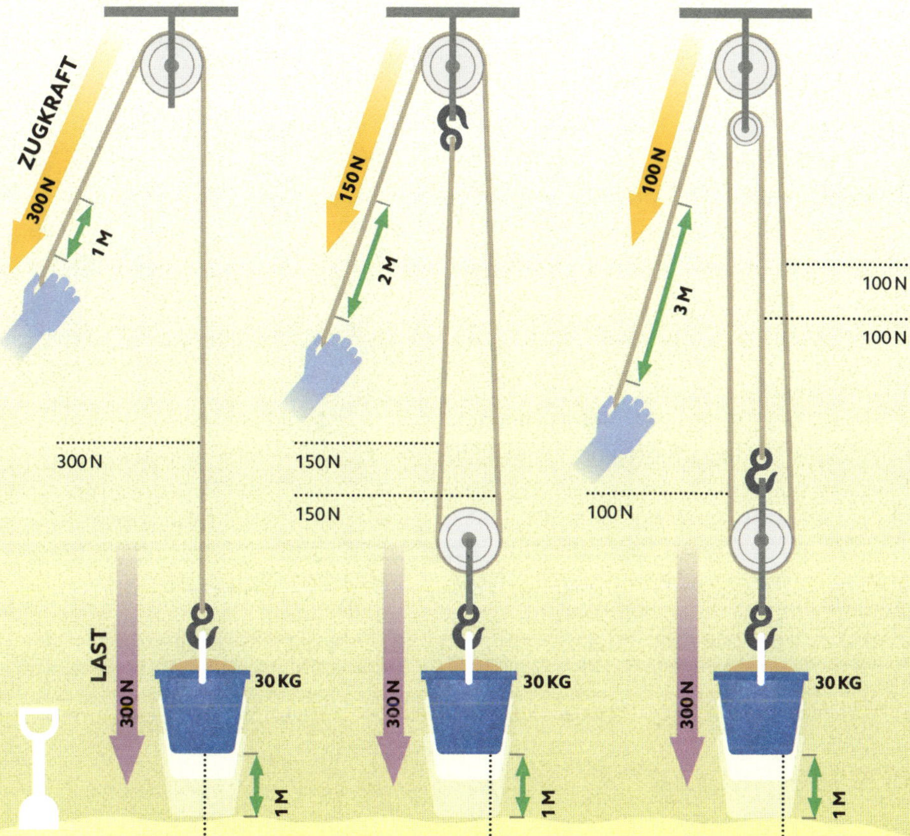

FESTE ROLLE
Eine einzelne feste Rolle ändert die Richtung einer Kraft, nicht aber ihre Stärke (»Umlenkrolle«).

LOSE ROLLE
Mit zwei Rollen – einer festen und einer losen Rolle – wird die Last auf zwei Seilstücke verteilt. Dieses System hat einen Kraftgewinn von 2.

FAKTOREN-FLASCHENZUG
Durch weitere Rollen erhöht sich die Anzahl der Seilstücke, die die Last tragen. Dieses System erhöht die Kraft um den Faktor 3.

UNTER DRUCK

Ein Fluid ist eine Substanz, die fließen kann, etwa eine Flüssigkeit oder ein Gas. Das Gewicht des Fluids erzeugt Druck, der in alle Richtungen gleichmäßig wirkt und mit der Tiefe zunimmt. Eine Folge davon ist der Auftrieb: Der nach oben gerichtete Druck auf die Unterseite eines untergetauchten Körpers ist größer als der nach unten wirkende Druck auf die Oberseite, was zu einer Nettokraft nach oben führt. Ein Körper schwimmt, wenn der Auftrieb sein Gewicht übersteigt. Dies ist der Fall, wenn seine Dichte geringer ist als die des Fluids.

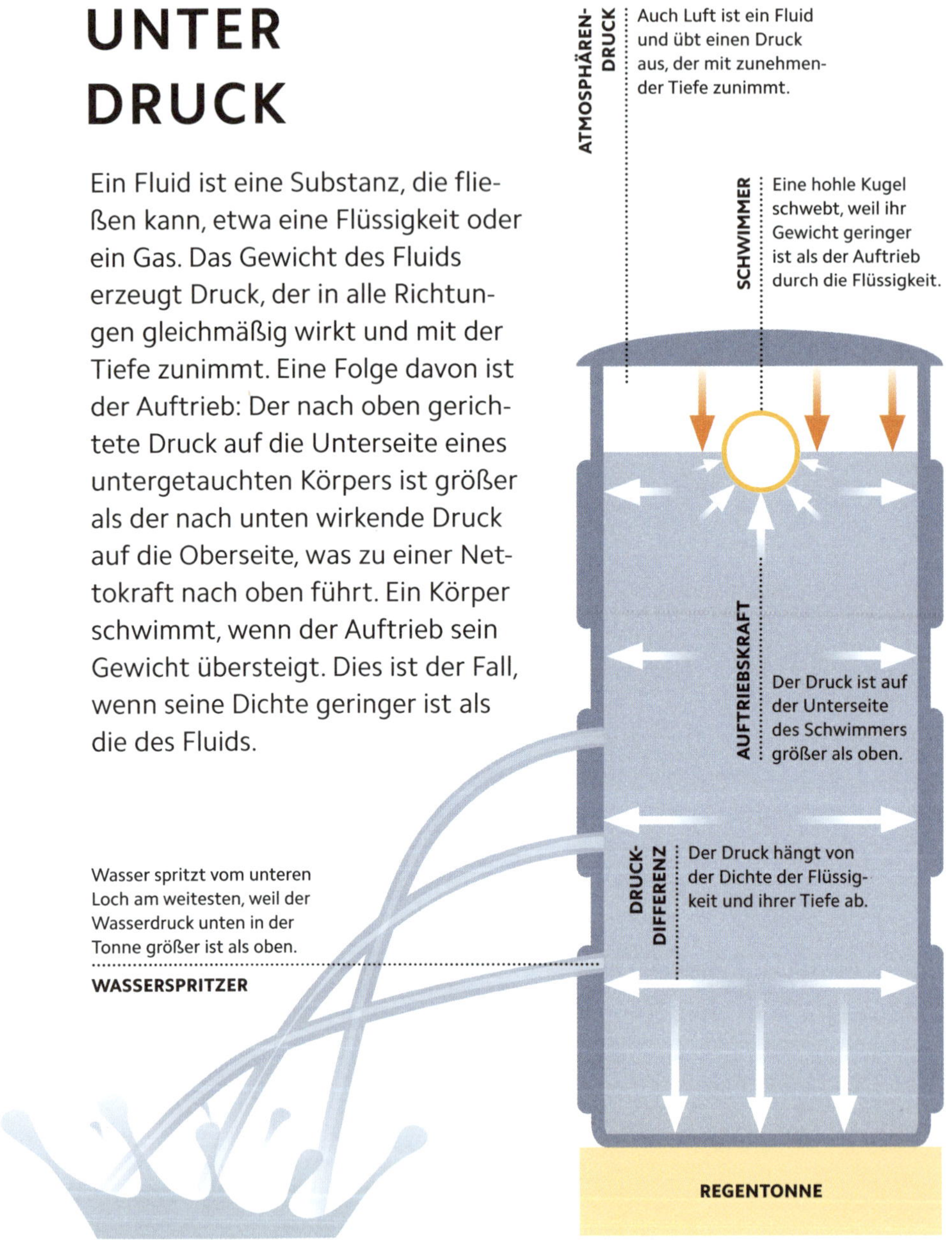

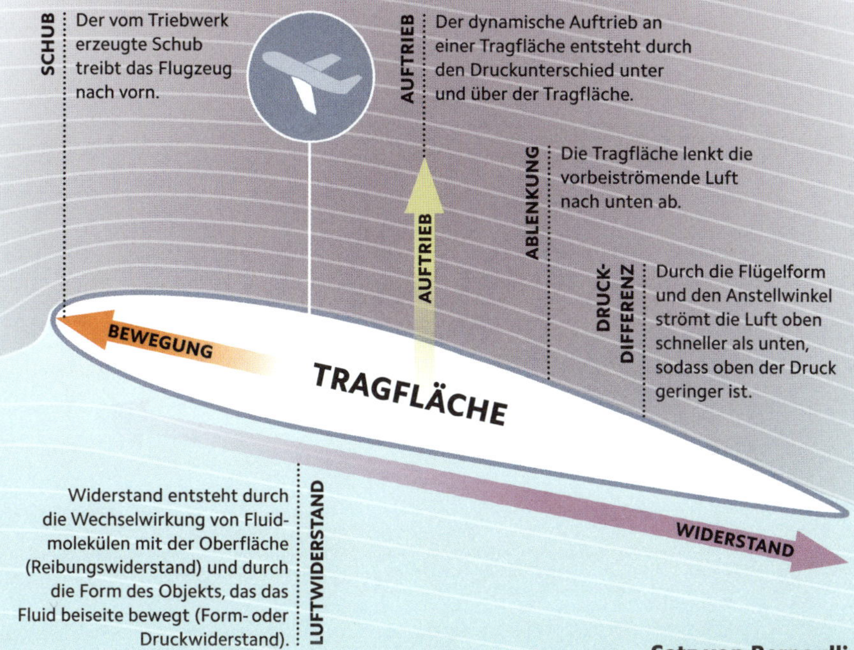

Satz von Bernoulli

Ein wichtiges Prinzip der Strömungsmechanik ist der Satz von Bernoulli, nach dem der Druck, den ein Fluid auf eine Oberfläche ausübt, umso kleiner ist, je schneller das Fluid an der Oberfläche entlang strömt.

STRÖMUNGEN

Fluiddynamik oder Strömungsmechanik erforscht, wie sich Fluide (Flüssigkeiten und Gase) bewegen. Sie umfasst Aerodynamik (mit Luft als Fluid) und Hydrodynamik (mit Wasser als Fluid). Zwei wichtige Kräfte sind Strömungswiderstand und Auftrieb. Der Widerstand wirkt der Bewegung entgegen. Er hängt von der Dichte, Viskosität und Kompressibilität des Fluids, der relativen Geschwindigkeit von Objekt und Fluid sowie der Form und Größe des Objekts ab. Auftrieb entsteht, wenn der Druck eines Fluids an einigen Stellen eines Objekts größer ist als an anderen.

E N E R G

I E

Eines der wichtigsten Konzepte der Physik ist die Energie: Die Fähigkeit, Veränderungen hervorzurufen oder, technisch ausgedrückt, Arbeit zu verrichten (siehe S. 56–57). Energie kann zwischen verschiedenen Formen umgewandelt werden, etwa wenn eine Kraft einen Körper bewegt, wenn ein heißes Objekt ein kälteres erwärmt oder wenn chemische Stoffe reagieren. Wichtig ist, dass Energie nicht erzeugt oder vernichtet werden kann. Daher ist die Gesamtenergie am Ende eines Prozesses dieselbe wie zu Beginn, sie wird jedoch umgewandelt oder neu verteilt. Mit dem Gesetz der Energieerhaltung kann man z. B. berechnen, wie sich ein Körper bewegt oder wie stark zwei Stoffe miteinander reagieren.

KRÄFTE VERRICHTEN ARBEIT

Eine auf einen Körper einwirkende Kraft kann dessen Energie erhöhen. Sie kann ihn schneller machen (Erhöhung der kinetischen Energie), ihn anheben (Erhöhung der potenziellen Energie) oder dehnen (Erhöhung der elastischen Energie). Eine Kraft verrichtet Arbeit, wenn sie Energie auf einen Körper überträgt. Die Zunahme der Energie des Körpers entspricht dabei der auf ihn ausgeübten Arbeit. Sowohl Arbeit als auch Energie misst man in Joule (J).

KEINE ARBEIT

An dieser Kiste wird keine Arbeit verrichtet, wenn sie sich nicht bewegt, obwohl eine Kraft ausgeübt wird.

Arbeit

Je größer die Kraft ist, die auf einen Körper wirkt, und je weiter sie ihn drückt oder zieht, desto größer ist die von der Kraft geleistete Arbeit und desto größer ist die auf den Körper übertragene Energie.

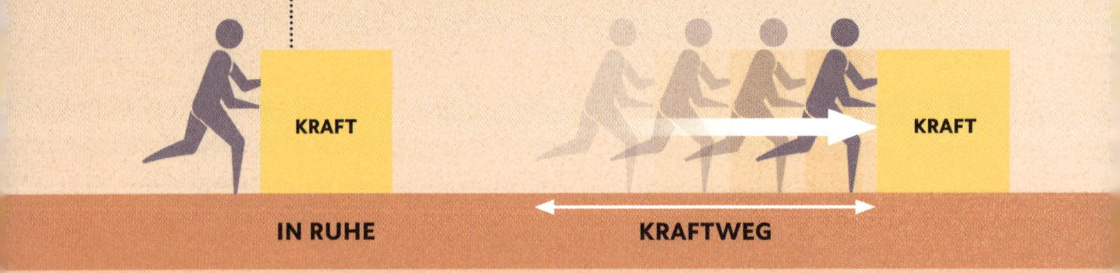

Kinetische Energie (Bewegungsenergie)

Das ist die Energie, die ein Körper aufgrund seiner Bewegung besitzt. Sie hängt von der Masse des Körpers und dem Quadrat der Geschwindigkeit ab – selbst kleine Objekte haben viel Energie, wenn sie schnell sind.

SPANNUNG

MASSE

Potenzielle Energie

Potenzielle Energie ist Energie, die in einem Körper aufgrund seiner Lage oder Form gespeichert ist. Hebt man einen Körper gegen die Schwerkraft an, so nimmt seine potenzielle Energie zu. Auch die Energie einer Feder nimmt zu, wenn man sie dehnt.

ANHEBEN

Die potenzielle Energie eines Körpers hängt von seiner Masse, der Höhe, auf die er angehoben wurde, und der Stärke der Schwerkraft ab.

HÖHE

SCHWERKRAFT

Energieumwandlung

Potenzielle Energie wird beim Fallenlassen des Körpers in kinetische Energie umgewandelt.

GESCHWINDIGKEIT 1500 KM/H

10 G

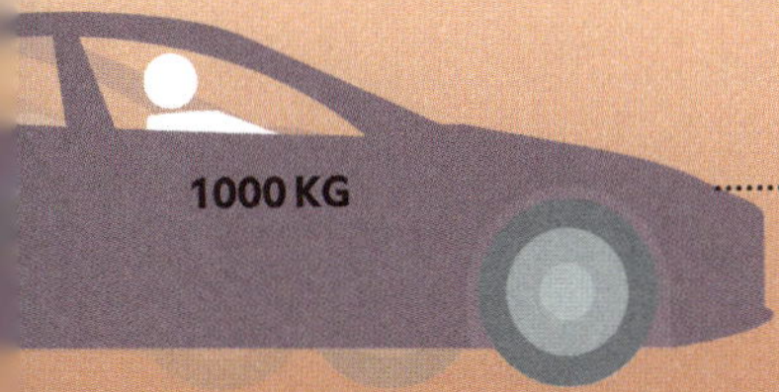

GLEICHE KINETISCHE ENERGIE

Ein Auto mit einer Masse von 1000 kg, das mit 5 km/h rollt, hat die gleiche kinetische Energie wie eine Gewehrkugel (10 g), die sich mit 1500 km/h bewegt.

Leistungsabgabe
Die Mengen an Energie, die durch verschiedene Prozesse erzeugt oder verbraucht werden, variieren enorm. Die Leistung der Sonne beträgt beispielsweise etwa $4 \cdot 10^{26}$ Watt, während eine Armbanduhr weniger als 10 Mikrowatt verbraucht.

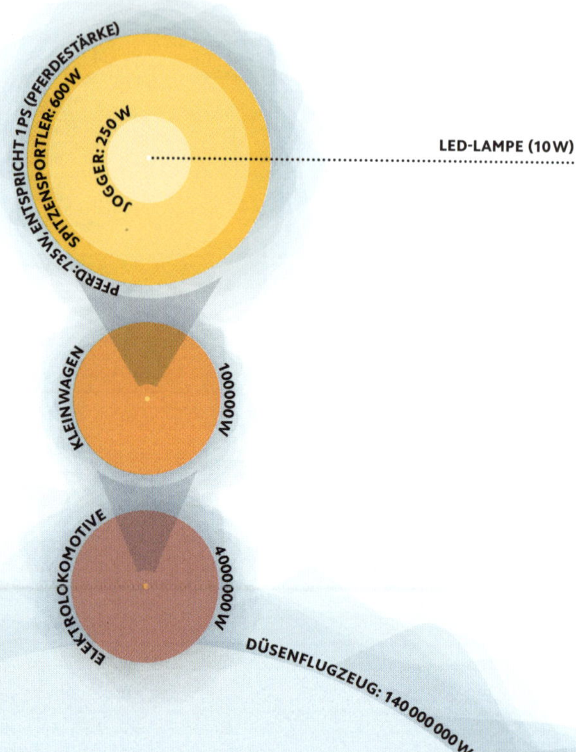

ENERGIE IN ZAHLEN

Energie kann man als die Fähigkeit definieren, Arbeit zu verrichten: einen Körper über eine Strecke zu bewegen (siehe S. 56). Es sind mehrere Einheiten für Energiemengen gebräuchlich: Die Energiemenge in Lebensmitteln gibt man oft in Kalorien an, die Energie einer Explosion in Tonnen TNT, und für den Brennwert von Brennstoffen gibt es viele traditionelle Einheiten. Die wissenschaftliche Standardeinheit für Energie ist jedoch das Joule (J). Leistung ist ein anderes Konzept: Sie ist die Rate der Energieübertragung – die pro Sekunde übertragene Energie. Ihre Einheit ist das Watt (W), was einem Joule pro Sekunde entspricht.

WO GEHT DIE ENERGIE HIN?

Wenn ein Apfel zu Boden fällt, elektrischer Strom eine Lampe leuchten lässt oder ein Feuerwerk durch chemische Reaktionen explodiert, bleibt die Gesamtenergiemenge konstant. Das Gesetz der Energieerhaltung besagt, dass Energie nicht erzeugt oder vernichtet werden kann, sondern sich nur von einer Form in eine andere umwandeln lässt. In der Praxis kommt es oft zur Dissipation: Energie zerstreut sich, sodass sie für uns weniger nützlich ist (siehe S. 66–67).

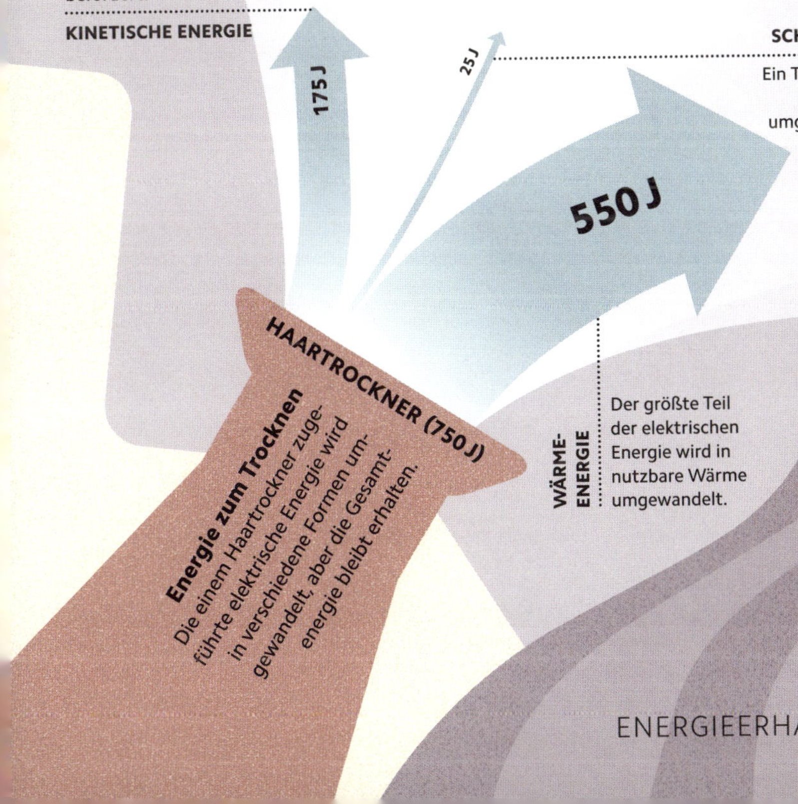

MOLEKÜLE IN BEWEGUNG

Die Atome und Moleküle eines Systems befinden sich in zufälliger Bewegung: Sie vibrieren, rotieren oder bewegen sich in eine beliebige Richtung. Die Energie dieser zufälligen Bewegung nennt man Wärme oder thermische Energie, sie nimmt mit der Temperatur zu. Wärme kann von einem System auf ein anderes übertragen werden. Sie strömt immer von einem wärmeren zu einem kälteren Ort: Je größer der Temperaturunterschied, desto schneller wird Wärmeenergie übertragen.

Bewegungsenergie der Teilchen

Die Temperatur ist ein Maß für die durchschnittliche kinetische Energie von Teilchen in einem System, sie wird in Grad Celsius oder in Kelvin gemessen. Diese Grafik zeigt den Bereich der kinetischen Energie der Teilchen in einer Substanz zu einem bestimmten Zeitpunkt.

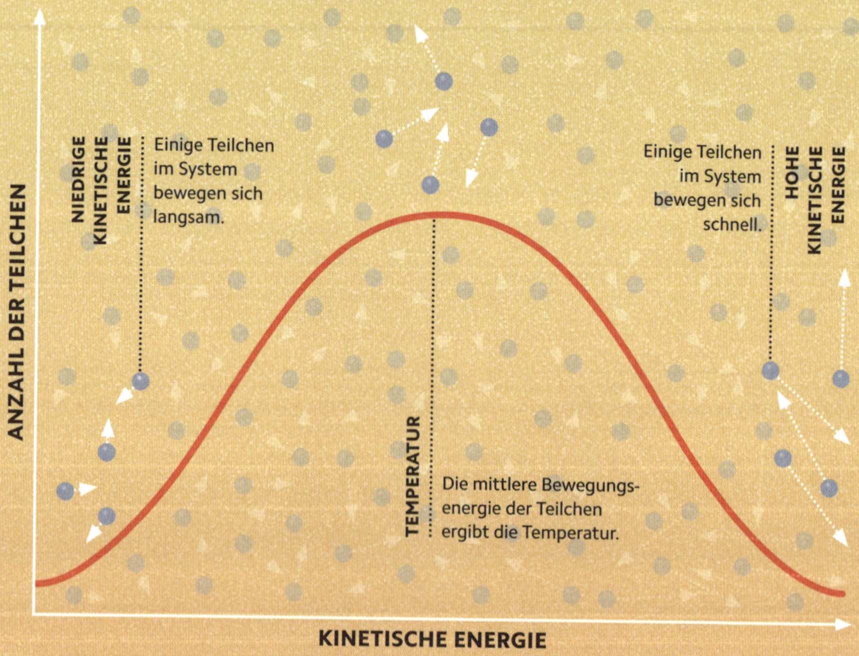

Temperaturskalen

Die Temperatur wird auf der Celsiusskala gemessen, deren Referenzpunkte auf dem Gefrierpunkt und dem Siedepunkt von Wasser basieren, oder auf der Kelvinskala, die bei der geringstmöglichen Temperatur (dem absoluten Nullpunkt) beginnt.

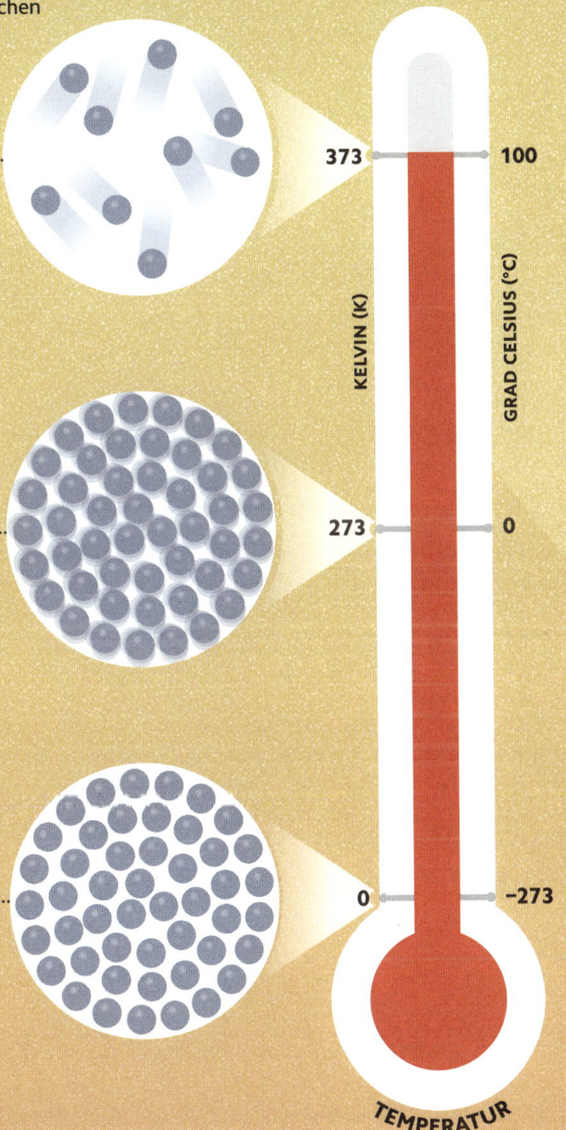

SIEDEPUNKT

Wassermoleküle bewegen sich schnell und können sich voneinander entfernen: Das Wasser verdampft oberhalb dieser Temperatur.

GEFRIERPUNKT

Unterhalb dieser Temperatur sind Wassermoleküle an einem festen Platz im Eiskristall gebunden, können aber weiterhin vibrieren.

ABSOLUTER NULLPUNKT

Die Bewegung der Teilchen hört ganz auf. Der absolute Nullpunkt ist die niedrigste theoretisch mögliche Temperatur, kann aber in der Praxis nicht erreicht werden.

WIE SICH ENERGIE VERTEILT

Wärme strömt stets von einem wärmeren zu einem kühleren Objekt. Diese Wärmeübertragung kann auf drei Arten erfolgen. Alle Materie mit Temperaturen über dem absoluten Nullpunkt (siehe S. 61) gibt Wärme durch Strahlung ab: Elektromagnetische Wellen übertragen Energie auch zwischen Objekten ohne direkten Kontakt. Wärmeleitung überträgt Energie zwischen Objekten, die sich berühren. Konvektion ist die Wärmeübertragung durch eine Flüssigkeit.

Strahlung
Elektromagnetische Strahlung – wie Licht, Infrarot- und Ultraviolettstrahlung – kann Energie sowohl durch ein Medium als auch durch ein Vakuum übertragen, etwa wenn die Energie der Sonne die Erde erwärmt.

ABKÜHLUNG IN DER NACHT
Nachts erhält die Seite der Erde, die von der Sonne weg in die Dunkelheit des Weltraums gerichtet ist, keine Strahlung, gibt aber selbst Infrarotstrahlung ab, sodass sie abkühlt.

ENERGIEABGABE
Die Erde gibt ständig Infrarotstrahlung an die Kälte des Weltraums ab.

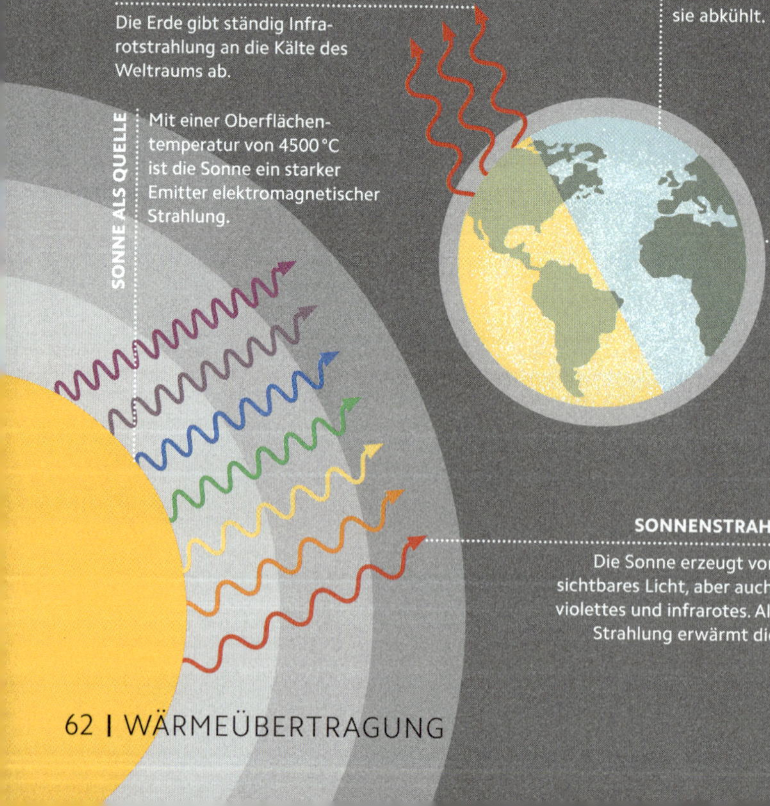

SONNE ALS QUELLE
Mit einer Oberflächentemperatur von 4500 °C ist die Sonne ein starker Emitter elektromagnetischer Strahlung.

TREIBHAUSEFFEKT
Die Atmosphäre absorbiert Infrarotstrahlung von der Erdoberfläche, wodurch ihre Temperatur steigt und sie selbst wieder die Oberfläche erwärmt. Dies nennt man Treibhauseffekt.

SONNENSTRAHLUNG
Die Sonne erzeugt vor allem sichtbares Licht, aber auch ultraviolettes und infrarotes. All diese Strahlung erwärmt die Erde.

Wärmeleitung

Wenn ein Festkörper erhitzt wird, schwingen seine Teilchen schnell. Durch Zusammenstöße mit ihren Nachbarn geben sie einen Teil ihrer kinetischen Energie weiter.

EIGENSCHAFT VON METALLEN

Metalle sind ausgezeichnete Wärmeleiter. Kinetische Energie wird nicht nur durch die Schwingung von Atomen, sondern auch durch die Bewegung freier Elektronen übertragen (siehe S. 17).

SCHWINGUNGEN

Die Teilchen am erhitzten Ende dieser Metallstange vibrieren schneller als die am kühlen Ende. Die Schwingungsenergie breitet sich im Metall aus. Die Moleküle vibrieren, ändern aber nicht ihre Position in der Stange.

TEMPERATURGRADIENT

Der Temperaturunterschied zwischen den Enden des Stabes treibt die Wärmeübertragung an. Je mehr sich die Temperatur im Stab angleicht, desto langsamer wird Wärme übertragen.

Konvektion

Konvektion tritt in Fluiden (Flüssigkeiten und Gasen) auf. Wenn ein Fluid von unten erwärmt wird, dehnen sich Fluidpakete aus und steigen auf. Zum Ausgleich sinkt kühleres Fluid ab und wird dann selbst erhitzt.

KONVEKTIONSSTRÖMUNG

Warmes Wasser steigt über einem Herd nach oben, kälteres Wasser sinkt nach unten, um es zu ersetzen.

SCHNELLERE MOLEKÜLE

Wenn das Wasser erhitzt wird, bewegen sich seine Moleküle schneller und drängen sich weiter auseinander.

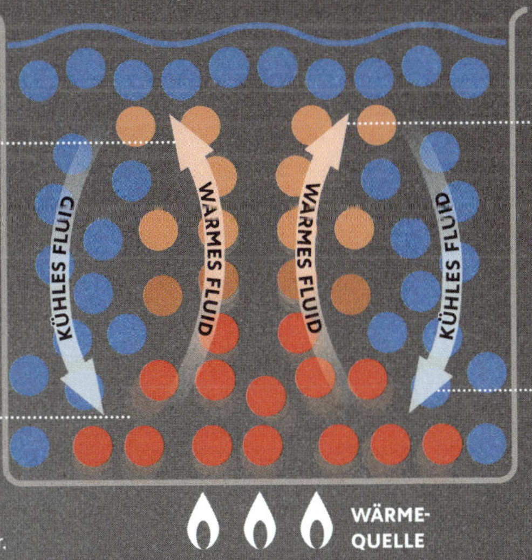

DICHTEUNTERSCHIED

Die Dichte des Wassers nimmt ab, wenn sich die Moleküle schneller bewegen. Das weniger dichte Wasser steigt nach oben.

SINKEN

Kühlere Bereiche haben weniger Energie und eine höhere Dichte, sodass sie absinken.

Spezifische Wärmekapazität
Die Energie, die nötig ist, um die Temperatur von 1 kg eines Stoffes um 1 °C zu erhöhen, nennt man spezifische Wärmekapazität. Flüssigkeiten wie Wasser haben eine hohe spezifische Wärmekapazität und eignen sich etwa als Kühlmittel in Motoren, da sie Wärme abführen, ohne sehr heiß zu werden oder zu kochen.

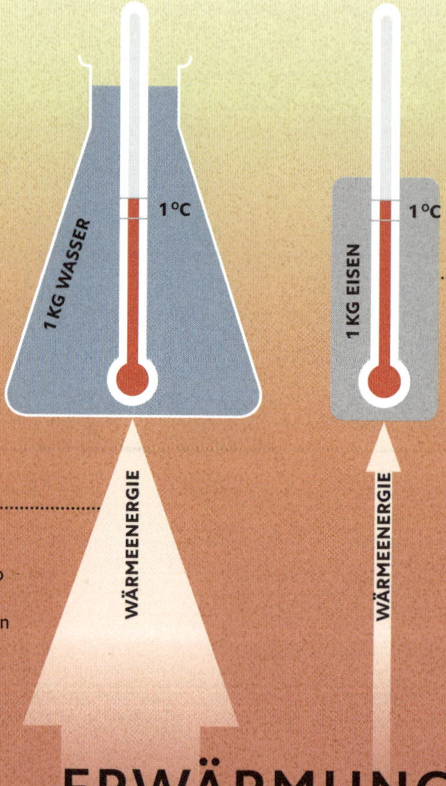

Eisen erwärmt sich und kühlt viel schneller ab als Wasser.

WÄRMEENERGIE
Um 1 kg Wasser um 1 °C zu erwärmen, wird etwa achtmal so viel Wärmeenergie benötigt wie für einen Eisenblock mit 1 kg.

ERWÄRMUNG

Wenn Materie Wärme zugeführt wird, erhöht sich ihre Temperatur (siehe S. 60–61) und sie kann ihren Zustand ändern (fest, flüssig oder gasförmig). Verschiedene Stoffe reagieren unterschiedlich stark auf Wärmezufuhr. Ein Stoff mit starken Bindungen zwischen seinen Teilchen (wie beim Wasser) ändert die Temperatur viel weniger als ein Stoff mit frei beweglichen Teilchen (wie die Elektronen in Metallen).

VERBORGENE WÄRME

Wenn man einem Feststoff Wärme zuführt, steigt seine Temperatur an, bis er schmilzt und flüssig wird, und dann weiter, bis er verdampft und gasförmig wird. Bei jeder dieser Zustandsänderungen oder Phasenübergänge ist zusätzliche Energie nötig, die man latente Wärme nennt. Diese Energiezufuhr führt nicht zu einer Temperaturänderung, sondern ist erforderlich, um die zwischenmolekularen Kräfte zu überwinden, die die Teilchen in einem Festkörper an ihrem Platz halten bzw. die die Teilchen einer Flüssigkeit daran hindern, sich frei wie ein Gas auszubreiten.

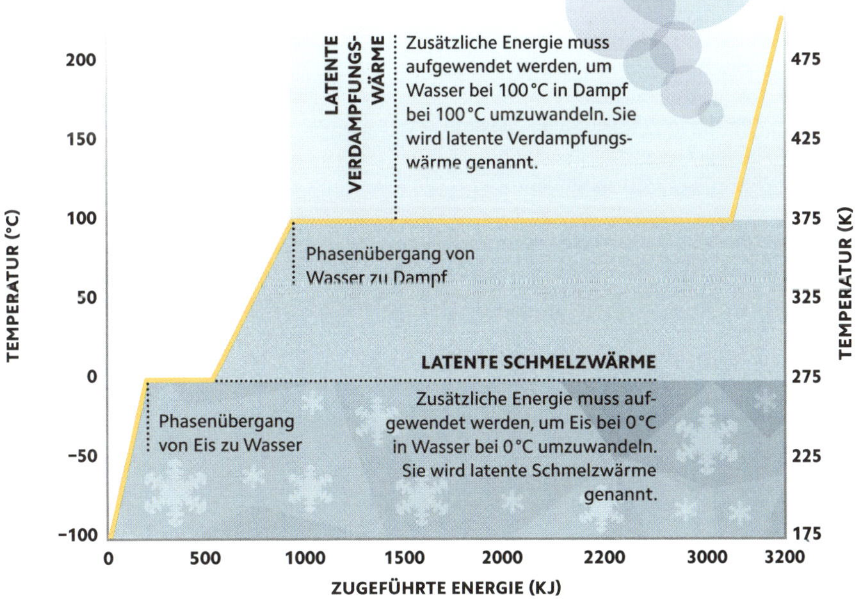

DIE ROLLE DES ZUFALLS

Die Entropie ist ein Maß für die Zufälligkeit oder Unordnung eines Systems. Je zufälliger die Teilchen angeordnet sind, desto stärker ist die Energie der Moleküle im System verteilt und desto größer ist die Entropie. Der Entropiegrad bestimmt, wie viel Arbeit von einem System geleistet werden kann, und sagt die Richtung eines Prozesses (wie etwa einer chemischen Reaktion) voraus.

Mischen von Gasen
Hier siehst du zwei Gefäße, eine gefüllt mit heißen Gasmolekülen (die sich schnell bewegen) und eine andere mit kalten Gasmolekülen (die sich langsam bewegen).

Entropie und Zeit
Nach den Gesetzen der Wahrscheinlichkeit nimmt die Entropie mit der Zeit zu und – irgendwann – wird alle Energie und Materie gleichmäßig im Universum verteilt sein. Diese Prozesse verlaufen alle hin zu einer zufälligeren Verteilung, sodass der Zeit eine »Richtung« gegeben wird.

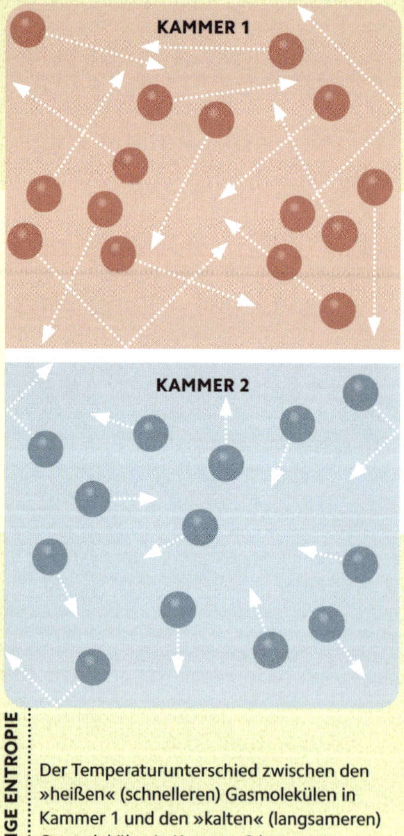

Der Temperaturunterschied zwischen den »heißen« (schnelleren) Gasmolekülen in Kammer 1 und den »kalten« (langsameren) Gasmolekülen in Kammer 2 kann zur Energieübertragung genutzt werden und somit Arbeit verrichten.

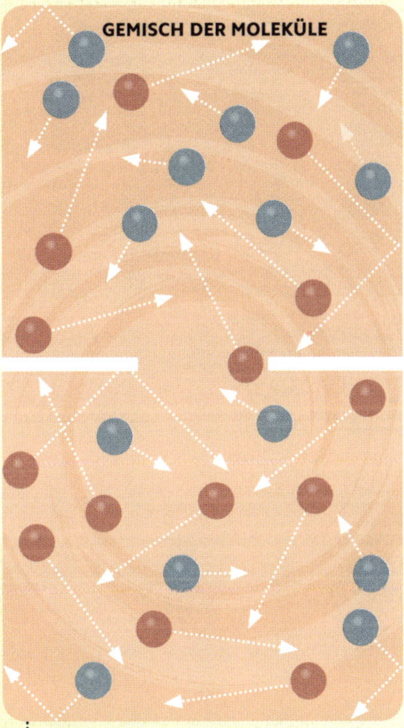

HOHE ENTROPIE

Durch das Zusammenführen der Kammern werden das heiße und das kalte Gas vermischt. Es gibt keinen Temperaturunterschied mehr zwischen den Kammern, da das System ungeordneter ist. Es kann keine nützliche Arbeit verrichten.

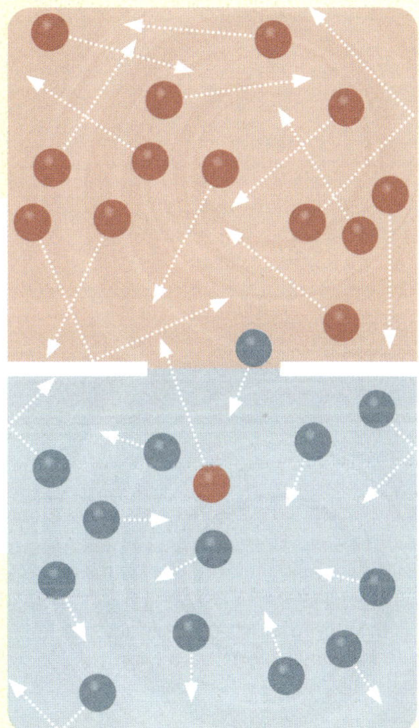

UNWAHRSCHEINLICHER ZUSTAND

Die schnelleren Moleküle könnten zufällig alle in eine Kammer zurückkehren und die kalten Moleküle in die andere. Das würde die Entropie senken. In der Praxis ist dies jedoch höchst unwahrscheinlich und die Entropie nimmt immer weiter zu.

DIE GESETZE DER ENERGIE

Die Thermodynamik ist die Wissenschaft der Energie. Es gibt vier Grundgesetze, die von null bis drei durchnummeriert sind (weil das nullte Gesetz erst nach den anderen erkannt wurde, obwohl es ihnen logisch vorausgeht). Die Gesetze werden unterschiedlich formuliert, aber sie alle behandeln, wie Energie von einem Objekt auf ein anderes übertragen wird, wie sie sich ausbreitet und wie die Entropie wächst.

Nulltes Gesetz
Wenn es keinen Netto-Energiefluss zwischen zwei Objekten gibt, sind sie im thermischen Gleichgewicht. Sie haben dann die gleiche Temperatur.

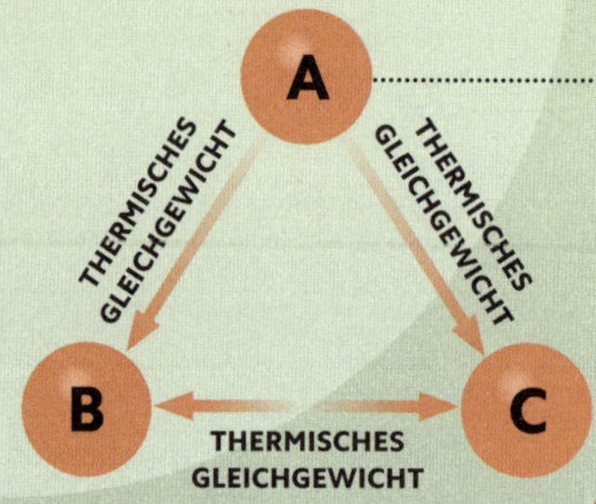

IM GLEICHGEWICHT
Wenn das Objekt A im thermischen Gleichgewicht mit B und mit C steht, dann sind B und C auch im thermischen Gleichgewicht zueinander.

Erstes Gesetz
Energie kann durch Wärmetransport oder durch die Verrichtung von Arbeit übertragen werden. Die übertragene Energie ist die Summe der Arbeit und der transportierten Wärmemenge. Energie ist erhalten.

ENERGIEÜBERTRAGUNG
Hier wird Energie, die durch Erwärmen zugeführt wird, in kinetische Energie umgewandelt, indem Arbeit verrichtet wird.

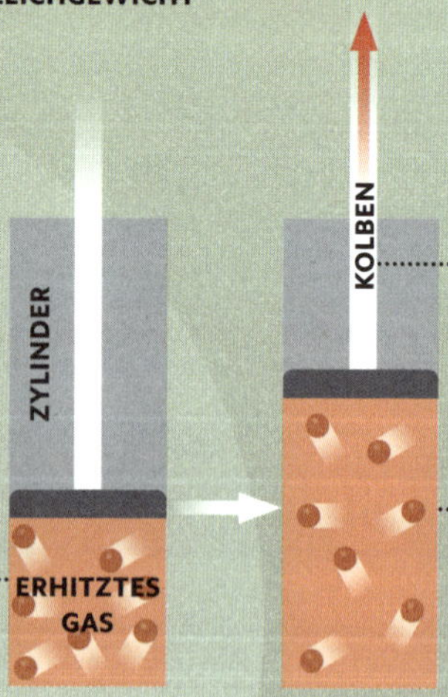

Mechanische Arbeit

Der höhere Druck, den die schnelleren Moleküle ausüben, bewegt den Kolben.

Zweites Gesetz
Energie dissipiert: Sie breitet sich in der Umgebung aus. Dies geschieht sowohl, wenn eine Kraft Arbeit verrichtet, als auch, wenn Wärme aufgrund von Temperaturunterschieden übertragen wird. Daher nimmt der Ordnungsgrad eines Systems ab – seine Entropie steigt an (siehe S. 66–67).

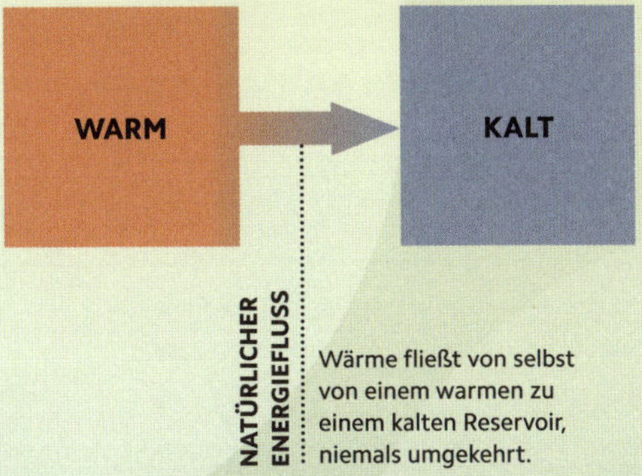

Der Large Hadron Collider (LHC) arbeitet bei einer Temperatur von nur 1,9 K.

Drittes Gesetz
Um einen Körper zu kühlen, muss ihm Energie entzogen werden. Dies wird immer schwieriger, je niedriger die Temperatur ist, und es ist unmöglich, den absoluten Temperaturnullpunkt (siehe S. 65) zu erreichen.

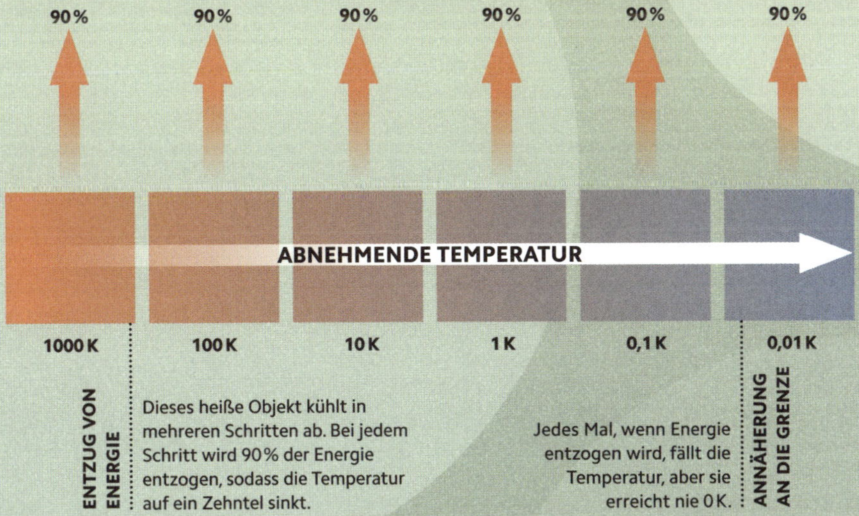

ELEKTR
UND
MAGNE

IZITÄT

TISMUS

Die elektrische Ladung ist eine intrinsische Eigenschaft von Elementarteilchen wie Protonen oder Elektronen. Elektrische Ladungen erzeugen ein elektrisches Feld, das wir als statische Elektrizität fühlen. Bewegte Ladungen, etwa der Stromfluss von Elektronen in einem Draht, erzeugen ein Magnetfeld. Elektromagnetismus erklärt, wie elektrische Ströme Magnetfelder hervorrufen und umgekehrt. Dies führt zum Grundprinzip von Motoren, die elektrische Energie in mechanische Bewegung umwandeln, und von Generatoren, die das Umgekehrte tun. Elektromagnetische Wellen wie Licht sind schwingende elektrische und magnetische Felder, die sich mit Lichtgeschwindigkeit im Raum fortpflanzen.

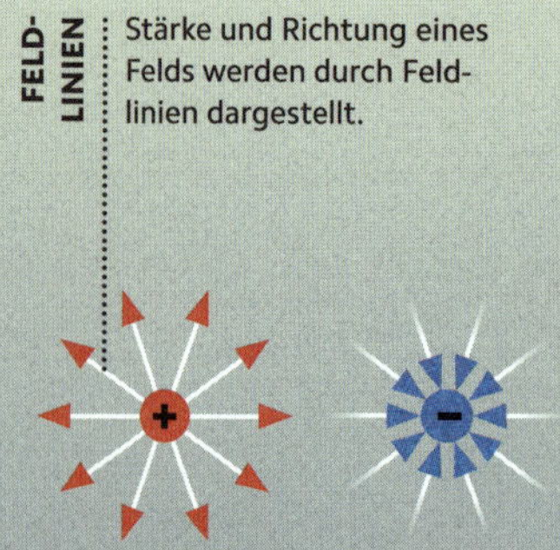

Punktladungen
Ein geladenes Teilchen hat ein kugelsymmetrisches elektrisches Feld. Es ist ein Vektorfeld (siehe S. 38): An jedem Punkt hat es sowohl einen Betrag als auch eine Richtung.

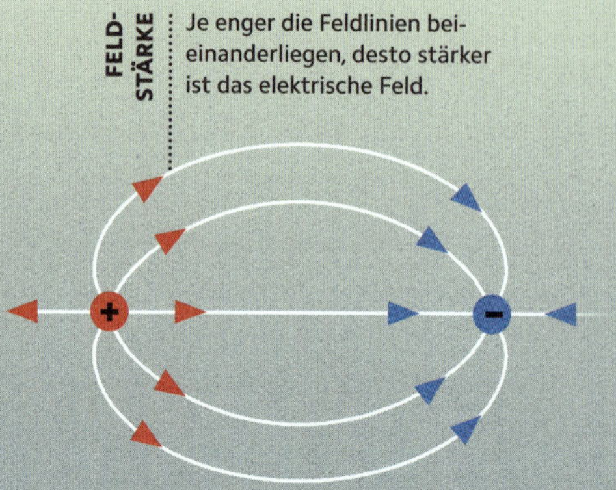

Wechselwirkende Ladungen
Zwei ungleichnamige Ladungen erzeugen ein Feld dieser Form. Die Feldlinien verlaufen von der positiven Ladung zur negativen.

KRAFTFELDER

Die elektrische Ladung ist eine grundlegende Eigenschaft von Elementarteilchen. Es gibt zwei Ladungsarten: positive und negative. Geladene Teilchen üben Kräfte aufeinander aus, auch wenn sie sich nicht berühren: Gleichartige Ladungen stoßen sich ab, ungleichartige ziehen sich an. Der Bereich um eine Ladung, in dem sie auf andere Ladungen eine Kraft ausübt, nennt man elektrisches Feld. Die Feldstärke hängt von der Größe der Ladung und dem Abstand ab. In einigen Situationen, etwa wenn Gegenstände aneinander reiben, können sich elektrische Ladungen auf ihren Oberflächen ansammeln, ein Phänomen, das man statische Elektrizität nennt.

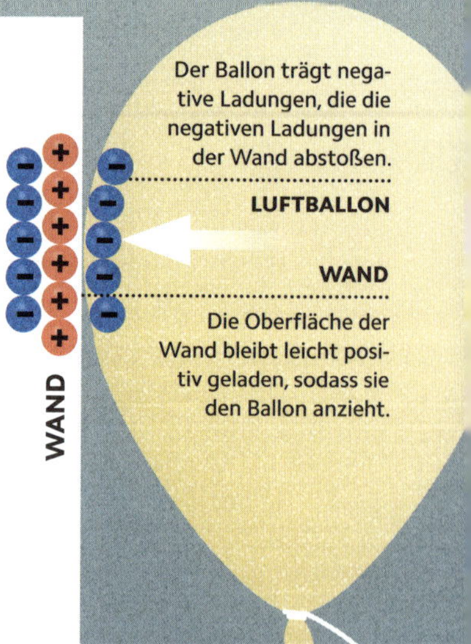

Statische Elektrizität
Reibt man einen Ballon an einem Wollpullover, überträgt dies Elektronen auf den Ballon und er wird negativ geladen.

BEWEGTE LADUNGEN

Ein elektrischer Strom ist ein Fluss geladener Teilchen. Dies können Protonen oder Ionen sein, aber in den meisten Stromkreisen sind Elektronen die Träger des Stroms. Um die Elektronen durch den Stromkreis zu bewegen, ist eine Potenzialdifferenz (Spannung), gemessen in Volt (V), nötig. Sie wird meist durch Batterien oder Generatoren (über das Stromnetz) geliefert. Je größer die Spannung, desto höher ist die potenzielle Energie der Elektronen. Die Stromstärke (Menge der fließenden Ladungen pro Sekunde) misst man in Ampere (A).

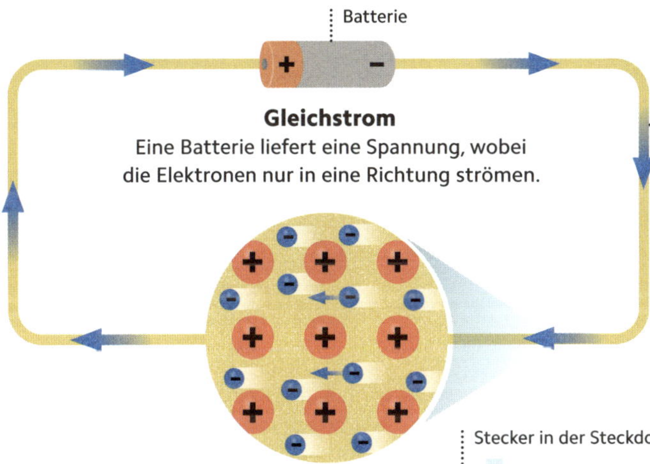

ELEKTRONENFLUSS

Elektronen werden vom negativen Pol der Batterie abgestoßen und vom positiven Pol angezogen.

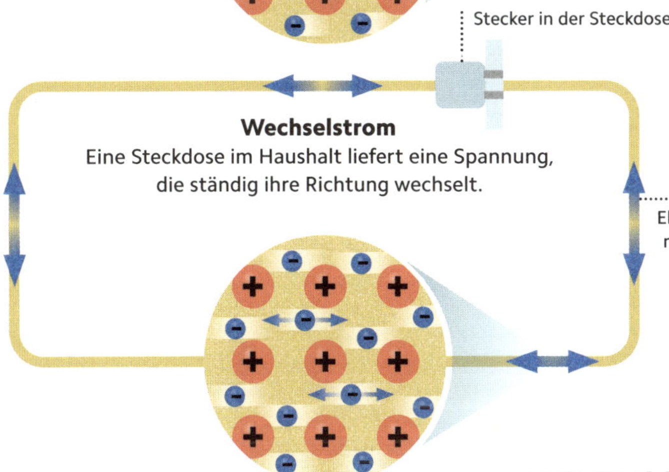

ELEKTRONEN BEWEGEN SICH HIN UND HER.

Elektronen bewegen sich nicht stetig in eine Richtung, sondern strömen im Draht hin und her.

TRAGBARE STROMQUELLE

Eine galvanische Zelle speichert elektrische Energie in chemischer Form. Eine Batterie ist eigentlich eine Zusammenschaltung mehrerer Zellen, aber meist nennt man auch eine einzelne Zelle Batterie. Die Potenzialdifferenz (siehe S. 73) zwischen ihren Polen (Elektroden) treibt einen Strom für Motoren, Lampen oder Unterhaltungselektronik. Er versiegt, wenn die chemischen Stoffe aufgebraucht sind. Akkus (Akkumulatoren) wie Lithiumionen-Akkus sind wiederaufladbare Batterien: Wenn man einen Strom anschließt, laufen die Reaktionen rückwärts ab.

Gespeicherte Energie
Die Batterie eines Elektrofahrzeugs besteht meist aus mehreren Tausend zylindrischen Zellen mit einer Spannung von jeweils 3–4 V. Sie sind so zusammengeschaltet, dass sie eine Spannung von etwa 400 V für die Motoren liefern.

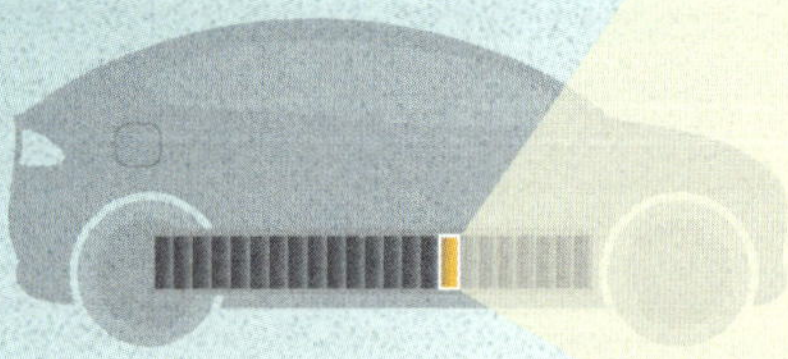

LITHIUMIONEN-AKKUPAKET IM E-AUTO

Aufbau einer Zelle
Eine Lithiumionenzelle besteht aus einer Metalloxidkathode, die von einer Grafitanode durch eine dünne Folie, den Separator, getrennt ist, die den Durchgang von Ionen, aber nicht von Elektronen ermöglicht. Der Separator wird mit einer Elektrolytlösung befeuchtet.

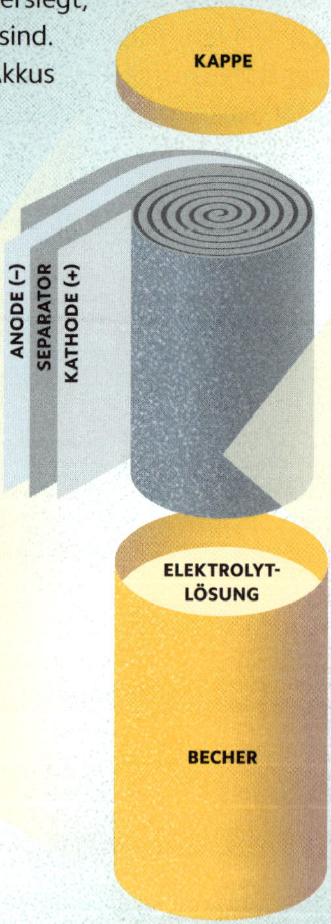

LITHIUMIONENZELLE

LEERE BATTERIE

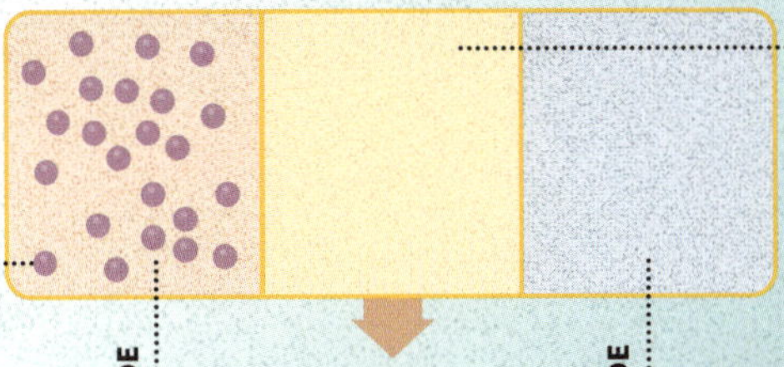

ELEKTROLYT
Diese Flüssigkeit kann Strom innerhalb der Batterie leiten.

LITHIUMATOME
Wenn die Batterie leer ist, sind Lithiumatome an das Metalloxid der positiven Elektrode gebunden.

POSITIVE ELEKTRODE
Sie besteht aus einer Verbindung von Lithium- und Sauerstoffatomen.

NEGATIVE ELEKTRODE
Sie besteht aus Grafit, einer Form von elementarem Kohlenstoff.

Laden und Entladen

Lithiumionen-Akkus funktionieren, indem sie während der Lade- und Entladezyklen Ionen von einer Elektrode zur anderen bewegen.

AUFLADEN
Die Stromversorgung liefert Elektronen, die zum negativen Pol fließen. Ihre negative Ladung zieht einen Strom positiver Lithiumionen an.

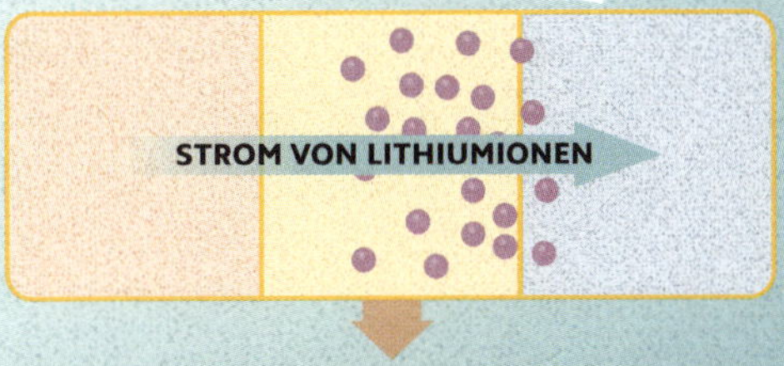

VOLL GELADEN
Die Lithiumatome befinden sich nun an der negativen Grafitelektrode.

LEISTUNGSABGABE
Der Elektronenfluss von der negativen Elektrode treibt den Elektromotor des Elektrofahrzeugs an (siehe gegenüberliegende Seite).

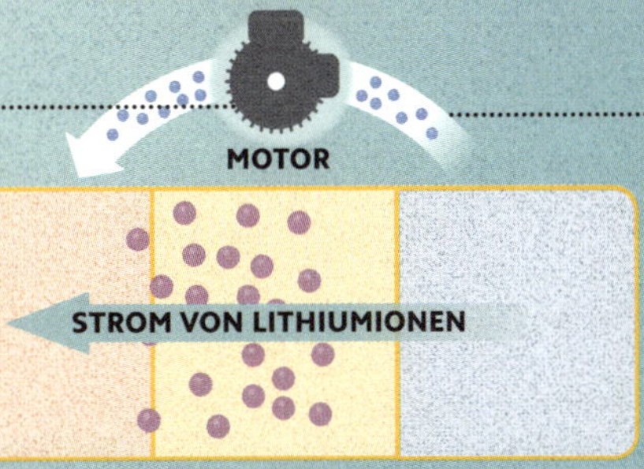

ENTLADEN
Wenn der Motor verbunden ist, verlassen Elektronen die Lithiumatome und fließen durch den Motor. Die positiven Lithiumionen fließen durch den Elektrolyten zurück.

REINES SILIZIUM

Reines Silizium ist ein kristalliner Feststoff. Ein Siliziumatom hat vier äußere Elektronen, die je eine kovalente Bindung mit einem benachbarten Atom eingehen.

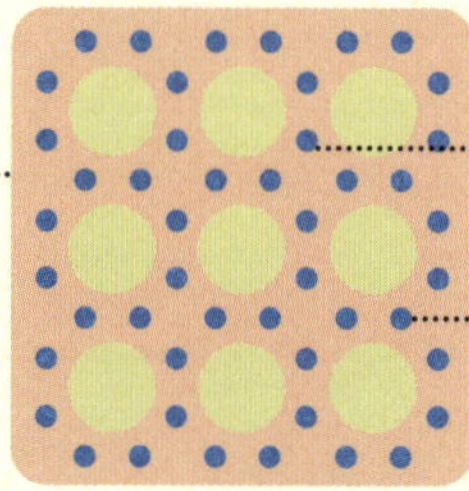

SILIZIUMKRISTALL

Jedes der vier Außenelektronen eines Siliziumatoms bildet eine Bindung mit einem anderen Atom aus.

KOVALENTE BINDUNG

LEITFÄHIGKEIT

Elektronen sind nur lose gebunden, was reinem Silizium eine mäßige Leitfähigkeit verleiht.

STRÖME STEUERN

Ein elektrischer Strom ist der Fluss geladener Teilchen wie Elektronen oder Ionen. Leiter, z.B. Metalle, haben viele frei bewegliche Elektronen, während es in Nichtleitern nur wenige Teilchen gibt, die Ladungen transportieren können. Ein Halbleiter wie Silizium liegt dazwischen, er kann leitend gemacht werden, indem man das Energieniveau der Elektronen (z.B. durch Licht oder Wärme) erhöht. Die Eigenschaften von Halbleitern kann man durch Dotierung verändern – durch das Hinzufügen von Atomen anderer Elemente. Dies erzeugt einen Überschuss oder ein Defizit an Elektronen: einen n-Typ- oder p-Typ-Halbleiter.

Bor hat nur drei Bindungselektronen, wodurch eine Fehlstelle (»Loch«) entsteht.

BOR

Loch (fehlendes Elektron) im Siliziumkristall

p-dotiertes Silizium

Das Dotieren mit Boratomen schafft Löcher. Elektronen können in die Löcher springen, wobei anderswo Löcher entstehen: Sie sind beweglich und ermöglichen Stromleitung.

Ein Phosphoratom hat fünf Bindungselektronen, liefert also ein zusätzliches, frei bewegliches Elektron.

PHOSPHOR

Zusätzliches freies Elektron im Siliziumkristall

n-dotiertes Silizium

Durch das Dotieren mit Phosphoratomen werden mehr Elektronen in den Kristall eingebracht. Diese Elektronen sind beweglich und erhöhen die Leitfähigkeit.

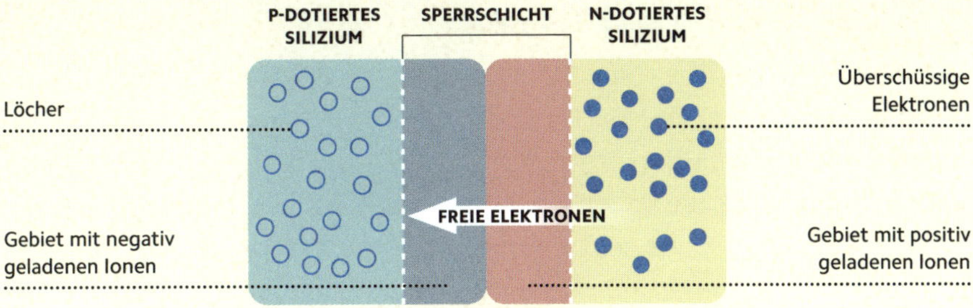

p-n-Übergänge

Wenn p-Typ- und n-Typ-Silizium in Kontakt sind, wandern einige überschüssige Elektronen vom n-Typ-Silizium über und füllen die Löcher im p-Typ-Material. Dadurch entsteht eine Verarmungszone (auch Raumladungszone oder Sperrschicht genannt), die kaum leitfähig ist, da sie keine beweglichen Ladungen (Elektronen oder Löcher) enthält.

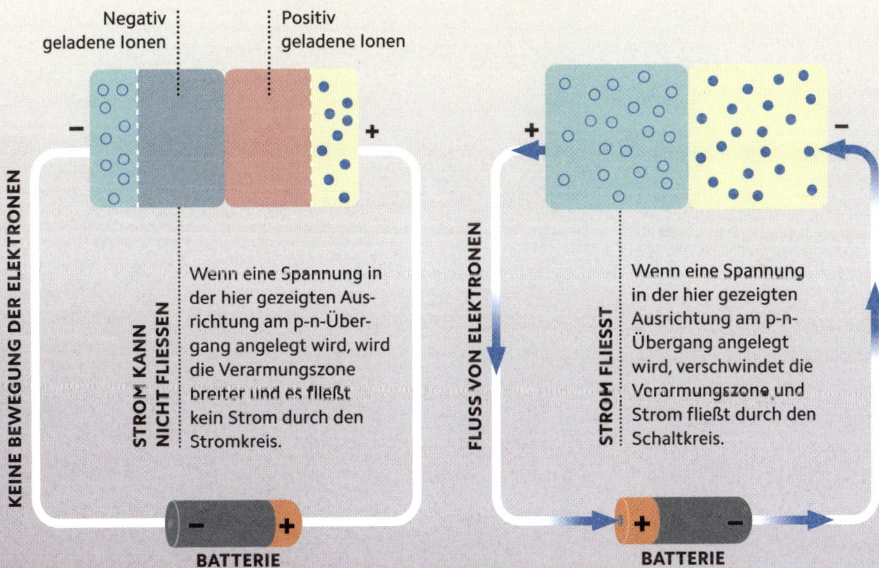

Dioden

Eine Diode ist ein einfaches Halbleiterbauelement, das aus p- und n-dotiertem Material besteht. Sie lässt den Strom nur in eine Richtung fließen. Dioden werden u.a. zur Umwandlung von Wechselstrom in Gleichstrom verwendet (siehe S.73).

ELEKTRONISCHE LOGIK

Transistoren sind elektronische Bauteile, die auf Halbleitern basieren. In Schaltkreisen funktionieren sie meist als elektronische Schalter. Eine geringe Spannung, die an einen der drei Anschlüsse angelegt wird, erzeugt ein elektrisches Feld, das den Stromfluss zwischen den beiden anderen Anschlüssen ermöglicht. Transistoren werden als einzelne Bauteile produziert, meist aber milliardenfach auf Mikrochips integriert, wo ihr Ein- und Ausschalten digitale Einsen und Nullen darstellt.

Funktion des Transistors
Transistoren haben drei Anschlüsse, die man Source, Gate und Drain (»Quelle«, »Gatter« und »Abfluss«) nennt. Eine Oxidschicht isoliert das Gate vom darüber liegenden p-Typ-Silizium.

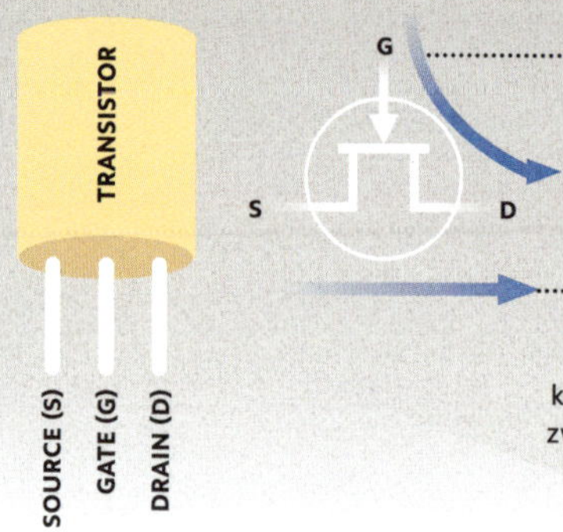

AUSLÖSER
Eine kleine Spannung am Gate macht den Transistor leitfähig (er ist eingeschaltet).

STROMFLUSS
Wenn der Transistor »ein« (leitfähig) ist, kann ein größerer Strom zwischen der Source und dem Drain fließen.

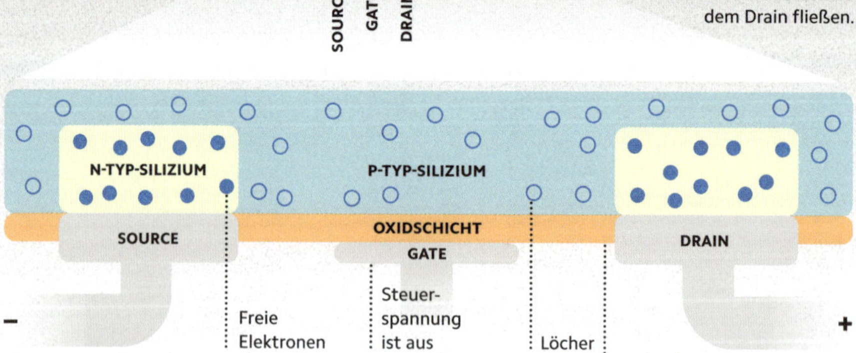

Ausgeschalteter Zustand
Es kann kein Strom von der Source zum Drain fließen, da die p-n-Übergänge von Verarmungszonen (Sperrzonen) umgeben sind (siehe S. 77).

MIKROCHIPS

Die Transistoren auf einem Mikrochip erzeugt man durch unterschiedliches Dotieren von Bereichen eines Siliziumwafers.

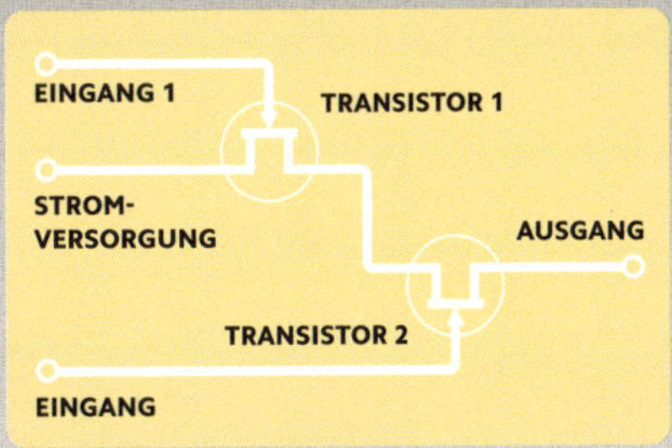

UND-LOGIKGATTER

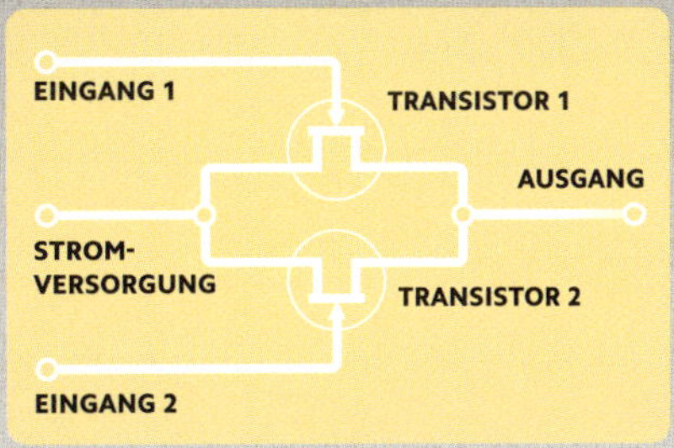

ODER-LOGIKGATTER

Logikgatter

Die Transistoren auf einem Mikrochip bilden oft Schaltkreise, die man Gatter nennt, um logische Operationen auszuführen. Beim UND-Gatter fließt am Ausgang nur Strom, wenn an Eingang 1 und 2 gleichzeitig eine Spannung anliegt. In einem ODER-Gatter genügt eine Spannung an Eingang 1 oder 2.

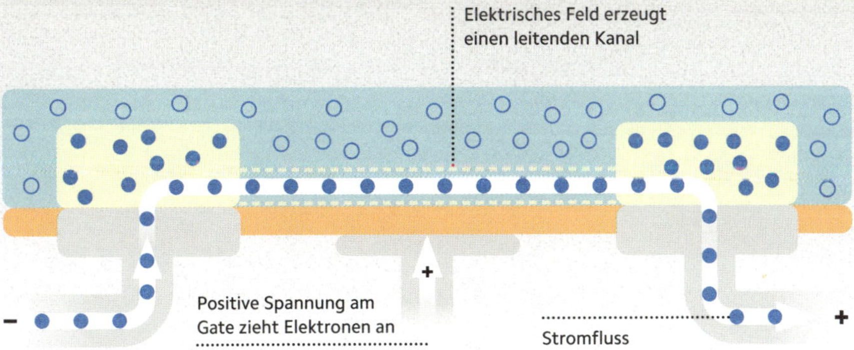

Eingeschalteter Zustand

Eine positive Spannung, die man am Gate anlegt, erzeugt ein elektrisches Feld, das Elektronen anzieht und so einen Kanal bildet, durch den Strom fließen kann.

ZWEI POLE

Jede bewegte elektrische Ladung erzeugt ein Magnetfeld. Auch Elementarteilchen wie Elektronen haben ein winziges Magnetfeld, als ob sie sich um sich selbst drehen (siehe S. 119). Meist sind die unzähligen Magnetfelder in einem Gegenstand verschieden ausgerichtet, sodass kein Gesamtfeld entsteht. In bestimmten Stoffen wie Eisen können diese winzigen Atommagnete jedoch so ausgerichtet werden, dass ein permanentes Magnetfeld entsteht.

Domänen
Eisen besteht aus kleinen Bereichen, den Domänen, in denen alle atomaren Magnete parallel ausgerichtet sind. Wenn man Eisen einem starken Magnetfeld aussetzt, können alle Domänen gleichartig ausgerichtet werden, sodass der Eisenstab insgesamt permanent magnetisch wird.

MAGNETISIERT Alle Domänen sind gleich ausgerichtet.

NICHT MAGNETISIERT Die einzelnen Domänen sind jeweils zufällig ausgerichtet. Ihre Felder heben sich gegenseitig auf.

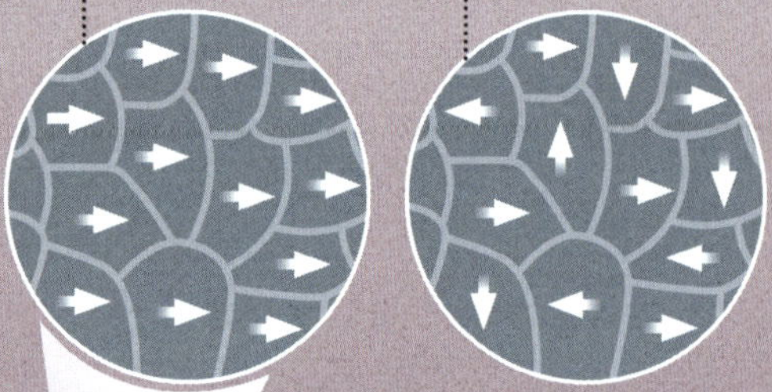

Ungleiche Pole ziehen sich an.

Gleiche Pole stoßen sich ab.

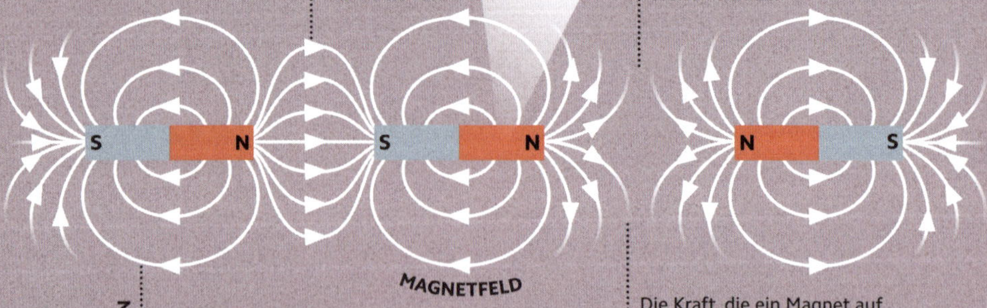

FELDLINIEN Ein Magnetfeld wird durch Linien dargestellt. Jeder Magnet hat einen Nord- und einen Südpol.

KRÄFTE Die Kraft, die ein Magnet auf einen anderen ausübt, hängt von der Stärke des Magnetfelds an den Polen und dem Abstand zwischen ihnen ab.

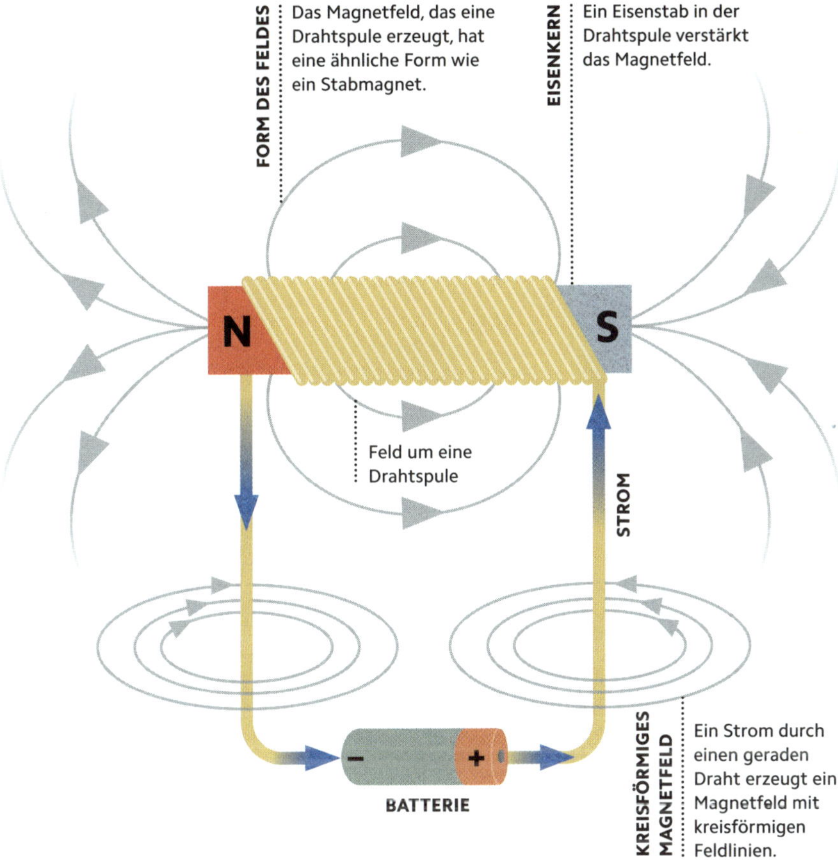

MAGNET ZUM EINSCHALTEN

Elektromagnetismus beschreibt die Beziehung zwischen Elektrizität und Magnetismus. Ein Strom in einem Draht erzeugt ein Magnetfeld um den Draht. Wenn man den Draht zu einer Spule aufwickelt, wird das Feld konzentriert und seine Form ähnelt dem Magnetfeld eines Permanentmagneten (siehe gegenüberliegende Seite) – aber man kann es mit dem Strom ein- und ausschalten. Ein Eisenkern in der Spule verstärkt das Feld weiter: So entsteht ein starker Elektromagnet.

STROMÜBERTRAGUNG

Wenn ein Leiter, etwa ein Metalldraht, in ein veränderliches Magnetfeld gebracht wird, wird ein Stromfluss im Draht induziert. Generatoren und Transformatoren (die die Spannung im Stromnetz ändern) basieren auf diesem Effekt, den man Induktion nennt. Ein Transformator (kurz: Trafo) besteht aus zwei Spulen. Wenn ein Wechselstrom durch die Primärspule fließt, erzeugt er ein sich änderndes Magnetfeld, das in der Sekundärspule eine Spannung induziert. Die Anzahl der Drahtwindungen in jeder Spule bestimmt die Spannungsänderung.

Aufspann- und Abspanntrafos
Trafos, die die Spannung erhöhen, heißen Aufspanntrafos (oder Aufwärtstrafos) und solche, die sie verringern, Abspann- oder Abwärtstrafos. Sie sind für Stromversorgungsnetze wichtig.

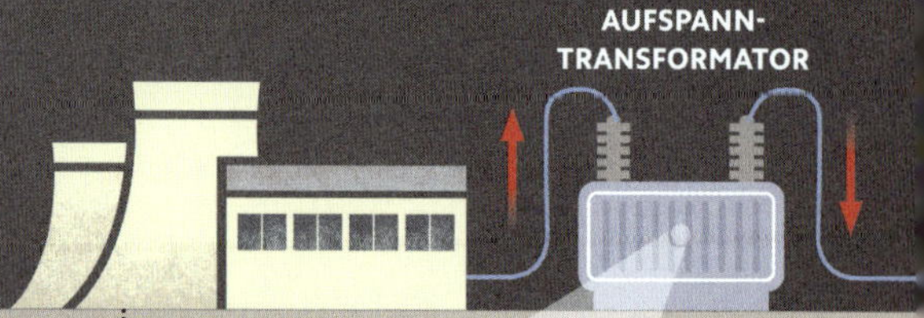

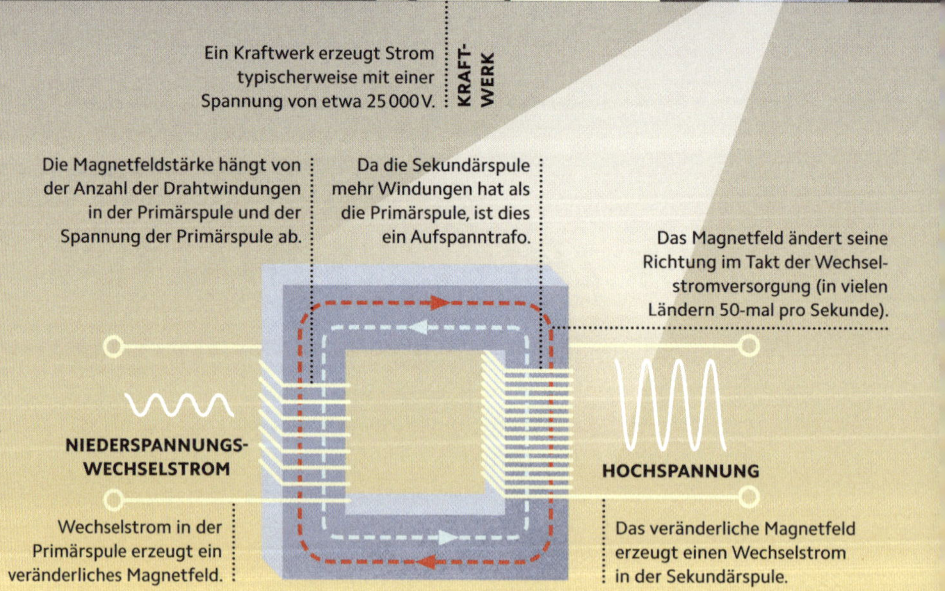

HOCHSPANNUNGS-LEITUNGEN

Aufspanntransformatoren erhöhen die Spannung für die Übertragung auf über 130 000 V. Höhere Spannungen ermöglichen eine effizientere Energieübertragung.

Mit Induktion funktionieren auch kabellose Ladestationen für Mobilgeräte.

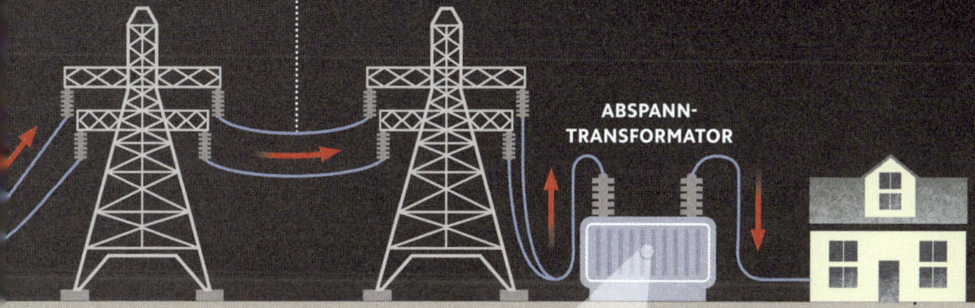

HAUS-NETZ

Abspanntrafos senken die Spannung auf sicherere Werte für den Haushalt.

Da die Primärspule mehr Windungen hat als die Sekundärspule, ist dies ein Abspanntrafo.

Der Abspanntrafo gibt eine Spannung von 230 V (in Nordamerika 120 V) ab, die für den Gebrauch im Haushalt sicherer und praktischer ist als die Hochspannung.

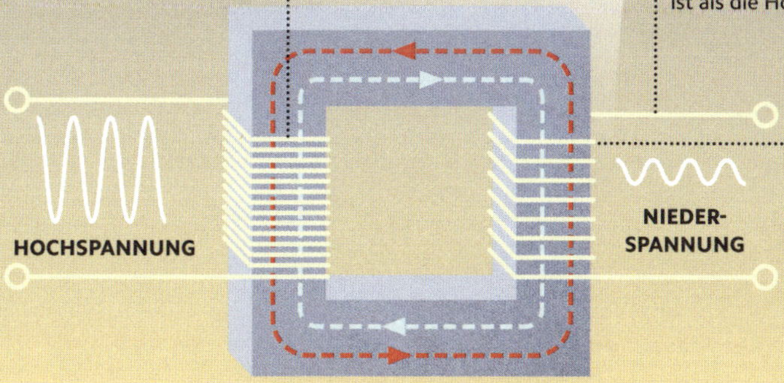

Die induzierte Spannung hängt von der Stärke des Magnetfelds (also der Spannung der Primärspule) und der Anzahl der Windungen ab.

BEWEGUNG IM MAGNETFELD

Motoren und Generatoren nutzen die Prinzipien des Elektromagnetismus (siehe S. 81). Der sich drehende Teil eines Elektromotors – der Rotor – ist ein Elektromagnet. Er rotiert zwischen den Polen eines Permanentmagneten, dem Stator. Der Strom in den Drähten des Rotors erzeugt ein Magnetfeld. Durch die Wechselwirkung zwischen diesem Feld und dem des Stators entsteht eine drehende Kraft, die den Rotor bewegt. Ein Generator besteht aus denselben Teilen wie ein Motor, funktioniert jedoch umgekehrt und wandelt die Bewegung des Rotors in elektrischen Strom um.

Drehmoment
Wenn ein Strom durch den Rotor fließt, wird sein linker Arm nach unten gezogen, während der rechte Arm nach oben gezogen wird, sodass er sich dreht.

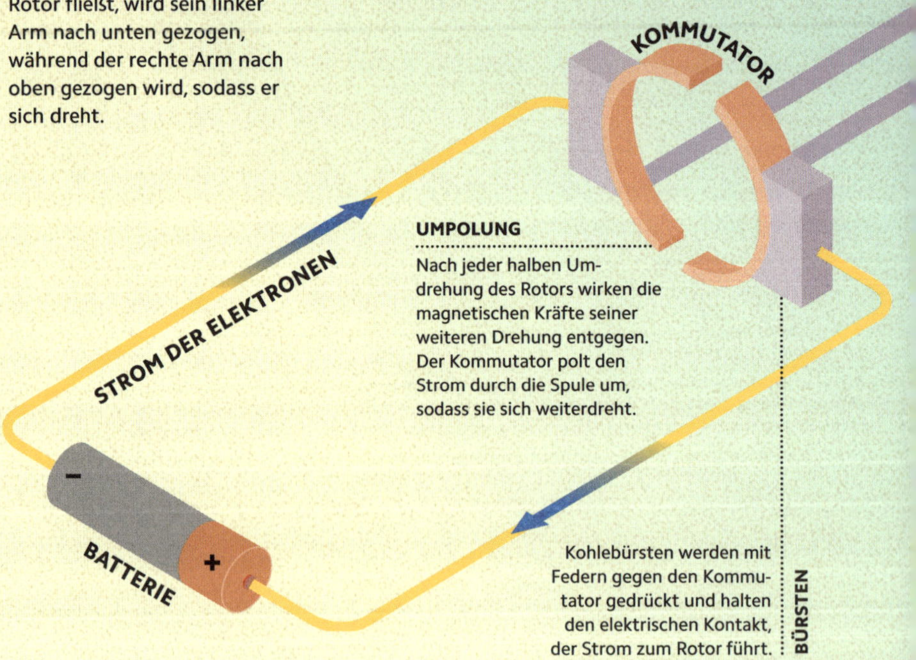

UMPOLUNG
Nach jeder halben Umdrehung des Rotors wirken die magnetischen Kräfte seiner weiteren Drehung entgegen. Der Kommutator polt den Strom durch die Spule um, sodass sie sich weiterdreht.

Kohlebürsten werden mit Federn gegen den Kommutator gedrückt und halten den elektrischen Kontakt, der Strom zum Rotor führt.

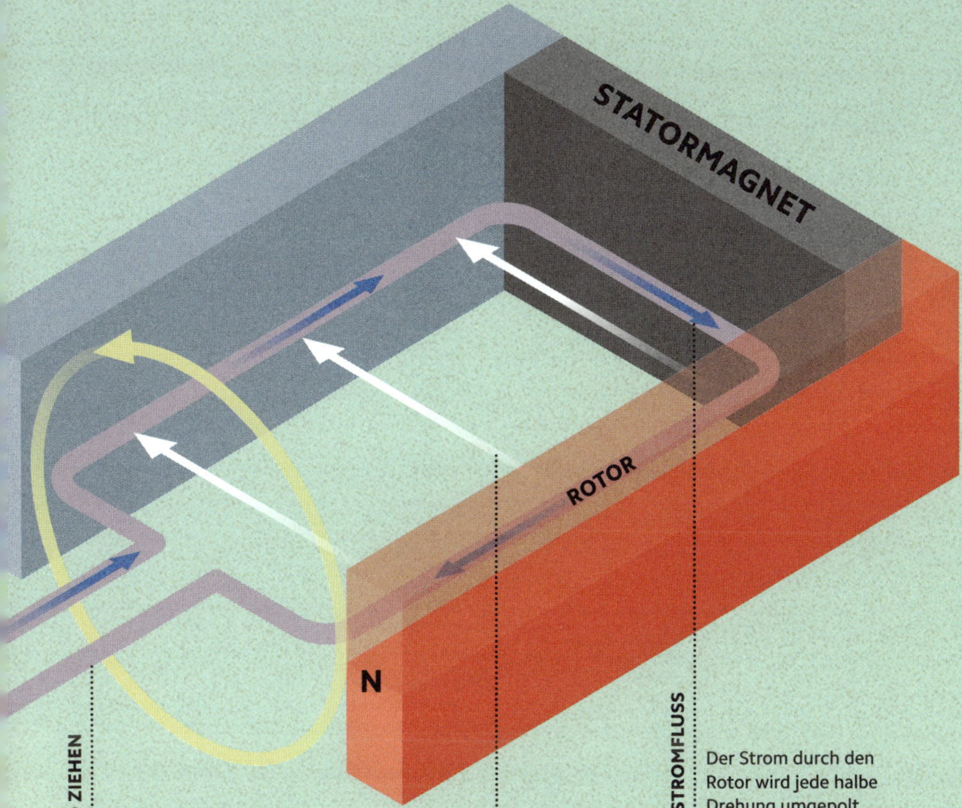

STROMFLUSS
Der Strom durch den Rotor wird jede halbe Drehung umgepolt.

DRÜCKEN UND ZIEHEN
Anziehung und Abstoßung zwischen den Magnetfeldern des Rotors und des Stators bewirken, dass sich der Rotor bewegt.

STATORFELD
Die magnetischen Feldlinien des Statormagneten verlaufen von seinem Nordpol zu seinem Südpol.

Rotormagnet
Der Rotor ist – im einfachsten Fall – eine Drahtschleife. Der durch den Draht fließende Strom erzeugt ein Magnetfeld senkrecht zur Schleife.

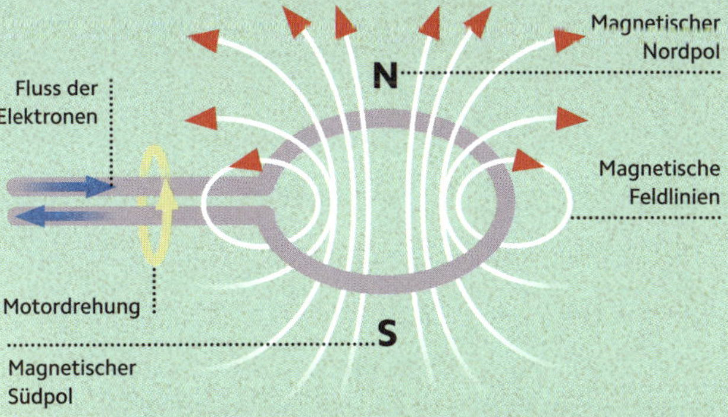

BEWEGTE FELDER MACHEN WELLEN

Elektromagnetische (EM) Wellen sind wandernde Wellen wie Wasser- oder Schallwellen. Sie sind jedoch keine Störungen eines Mediums (wie Wasser oder Luft), sondern von elektromagnetischen Feldern. Sie entstehen, wenn geladene Teilchen wie Elektronen beschleunigt werden, etwa wenn Wechselstrom (siehe S. 73) die Elektronen in einer Radioantenne hin und her bewegt. Dadurch entstehen um die Antenne variierende elektrische und magnetische Felder. Das variierende elektrische Feld induziert dann ein magnetisches Feld und umgekehrt. So entsteht eine sich selbst erhaltende Welle, die sich von der Antenne ausbreitet.

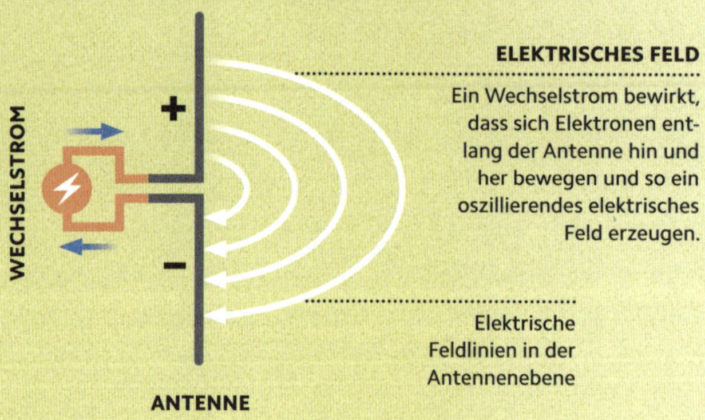

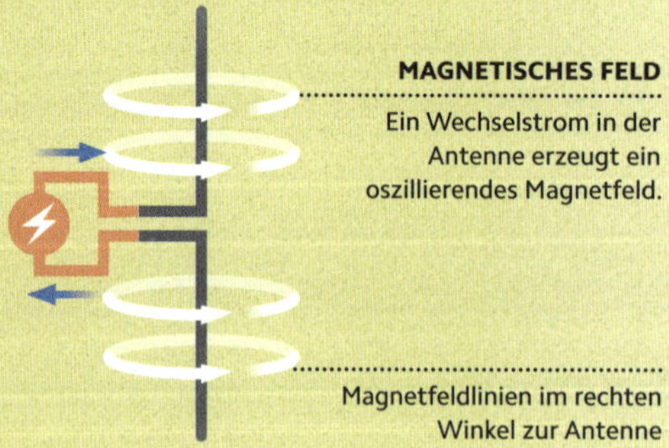

Erzeugung von Feldern

Eine sich bewegende Ladung – etwa Elektronen, die durch einen Draht fließen – erzeugt sowohl ein elektrisches als auch ein magnetisches Feld. Wenn der Strom sich regelmäßig umpolt, schwingen die Felder im Takt des Stroms und induzieren sich dadurch gegenseitig, sodass sie sich immer weiter ausbreiten.

Funkübertragung

Bei einer Funkübertragung werden Elektronen in der Sendeantenne in Schwingung versetzt. Die Wellen breiten sich nach außen aus, einige erreichen die Empfangsantenne.

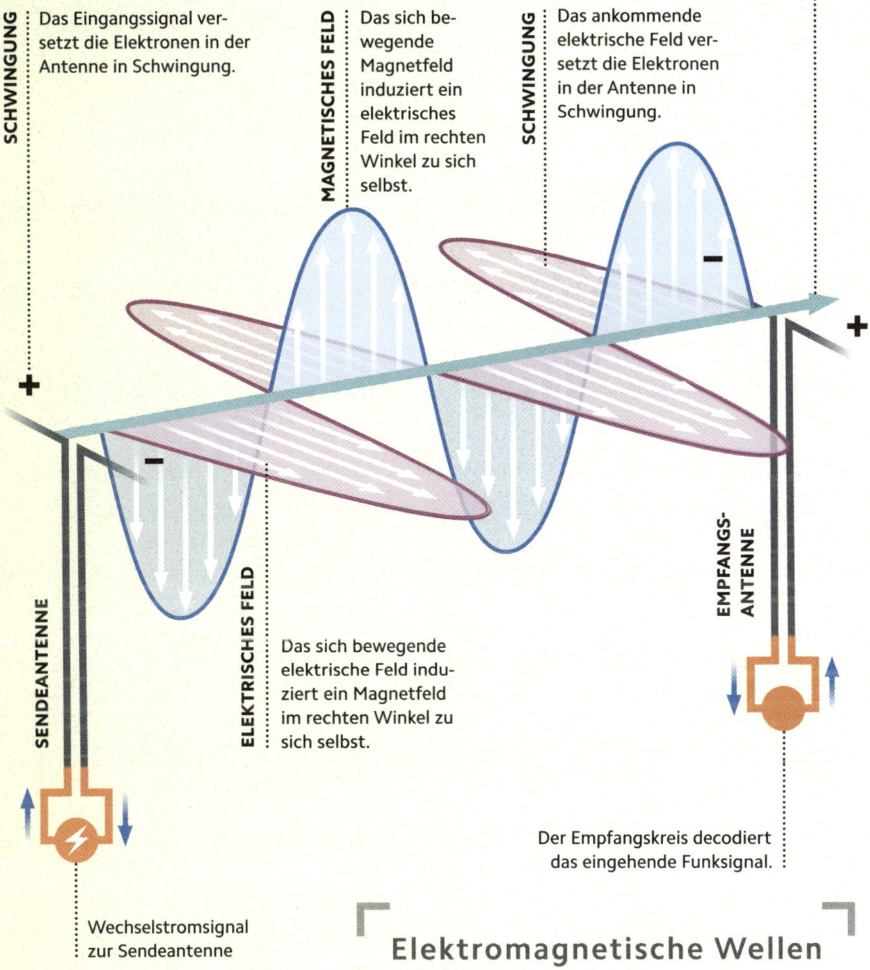

Elektromagnetische Wellen laufen durch das Vakuum mit Lichtgeschwindigkeit.

WELLENLÄNGE UND ENERGIE

Der uns umgebende Raum ist voller elektromagnetischer Strahlung, von der sichtbares Licht nur einen kleinen Teil ausmacht. Ihre Wellenlängen reichen von Millionstel Millimetern bis zu Hunderten Kilometern, und die verschiedenen Bereiche haben jeweils eigene Namen. Man kann elektromagnetische Strahlung als Welle oder Strom von Teilchen (Photonen) auffassen (siehe S. 112–113). Die Energie eines Photons ist umso höher, je höher die Frequenz und damit je kleiner die Wellenlänge der Strahlung ist.

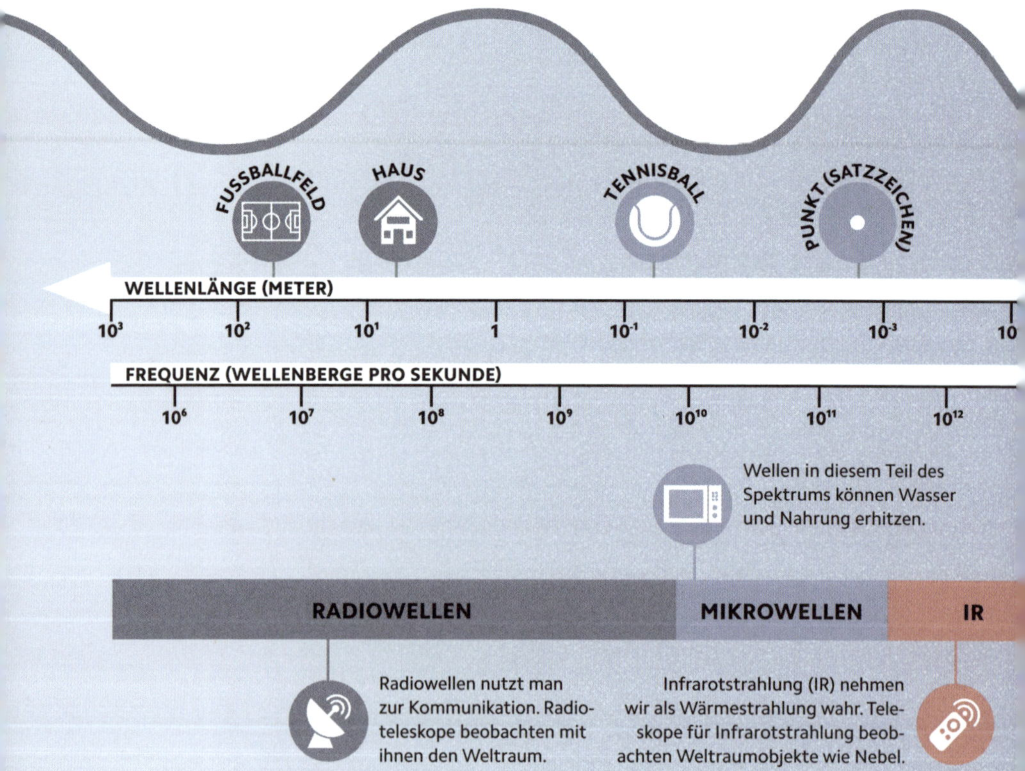

Frequenz und Energie
Die Frequenz einer Welle ist umso größer, je kleiner die Wellenlänge ist. Je höher die Frequenz der Strahlung, desto höher ist die Energie jedes Photons.

> **Ultraviolettes Licht verursacht Sonnenbrand, höherfrequente Strahlung kann tödlich sein.**

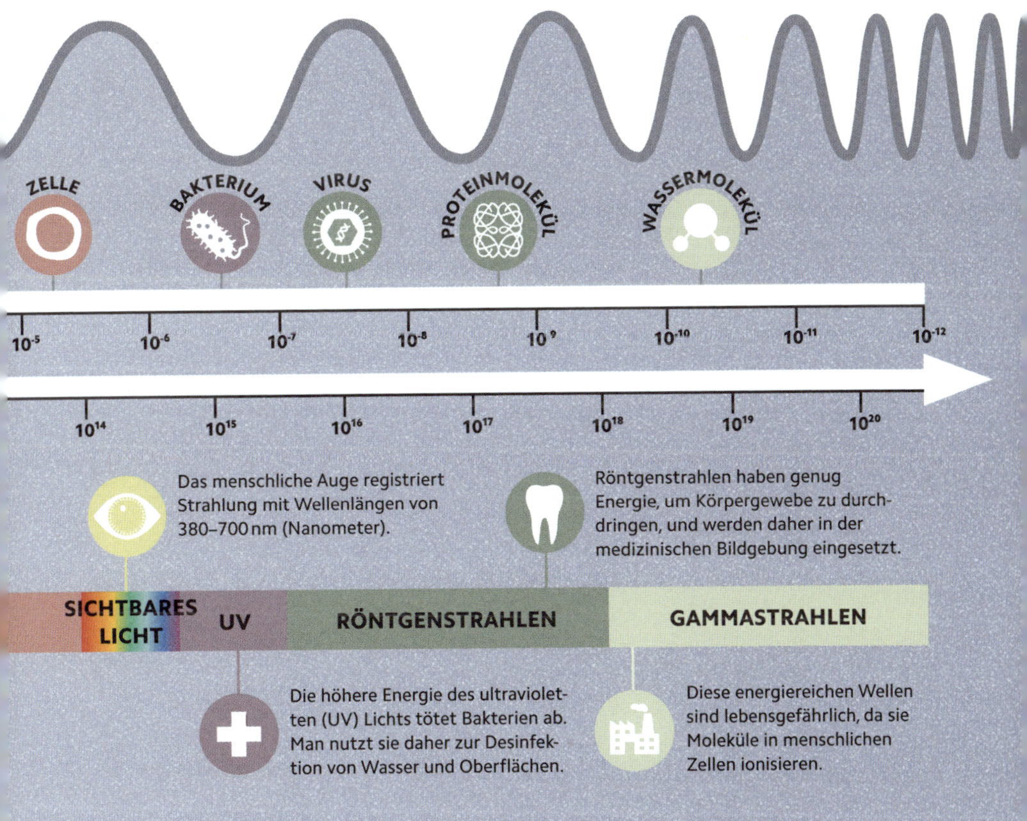

SCHALL
LICHT

L UND

Obwohl sie ganz verschiedenen Charakter haben, sind Schall und Licht beides Wellen: Störungen, die sich von einer Quelle ausbreiten. Schall ist eine mechanische Welle, eine Schwingung, die durch ein Medium wie Luft läuft. Ihre Frequenz und Amplitude bestimmen die Tonhöhe und Lautstärke, die wir wahrnehmen. Licht ist eine elektromagnetische Welle, die kein Medium benötigt. Sie wird von heißen Objekten und beim Übergang von Elektronen zwischen Energieniveaus in Atomen ausgestrahlt. Ihre Frequenz und Amplitude bestimmen die Farbe und Helligkeit, die wir wahrnehmen. Spiegel und Linsen reflektieren und brechen Licht und bilden Dinge ab – so funktionieren optische Instrumente wie Teleskope und Mikroskope.

HÖRBARE SCHWINGUNGEN

Was wir als Schall hören, sind Wellen, die von vibrierenden Objekten ausgehen, die sich also schnell hin und her bewegen. Die Vorwärtsbewegung verdichtet die Luft und erhöht den Druck. Dann schwingt das Objekt zurück, was die Luft verdünnt und den Druck verringert. So entstehen Wellen mit höherem und niedrigerem Druck, die sich in alle Richtungen ausbreiten. Schall bewegt sich in Luft mit etwa 1220 km/h, viel schneller aber in dichteren Medien wie Wasser oder Metall.

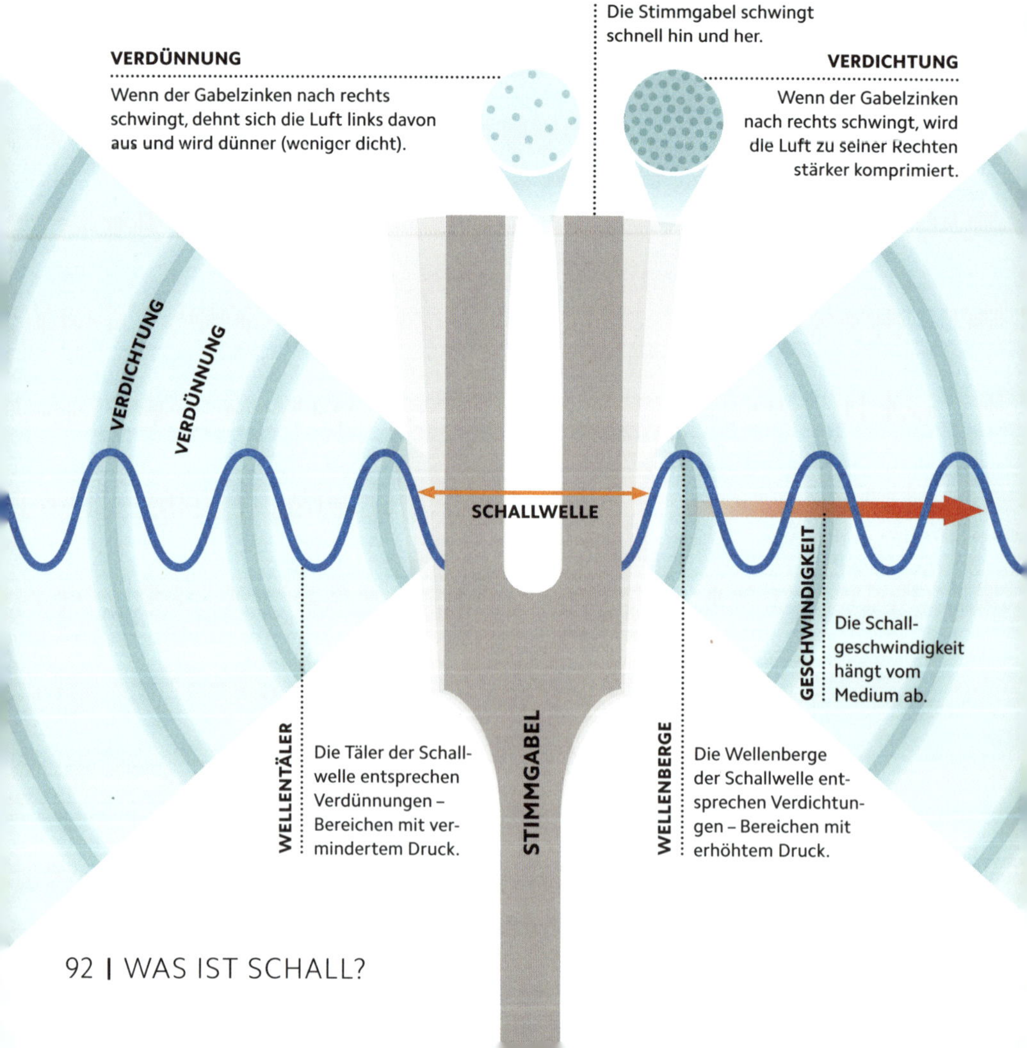

Wellenlänge und Amplitude

Das menschliche Ohr kann Töne zwischen 20 und 20 000 Hz hören, was Wellenlängen zwischen einigen Metern und einigen Zentimetern entspricht. Wellenlänge und Amplitude (also die Lautstärke) eines Tons kann man grafisch darstellen. In der Praxis sind die meisten Töne – wie die von Musikinstrumenten oder Stimmen – eine Mischung aus vielen Wellenlängen mit unterschiedlichen Amplituden.

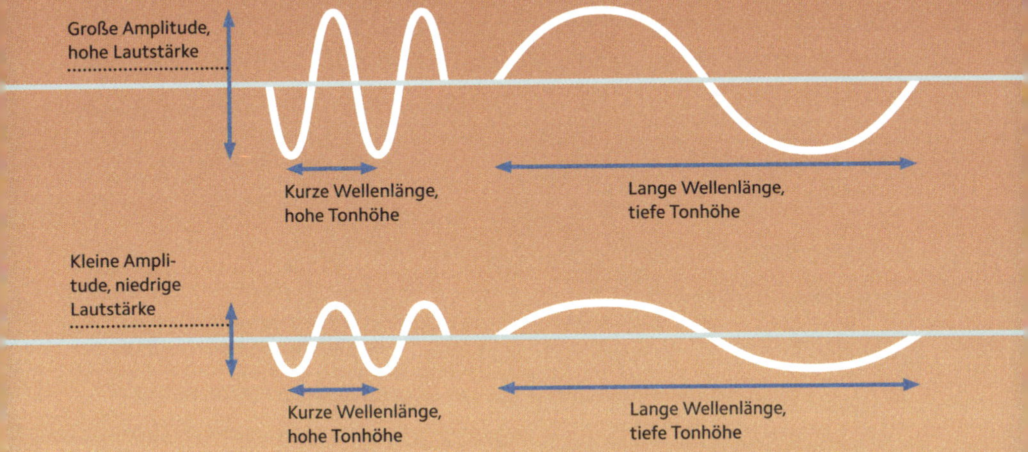

HÖHE UND LAUTSTÄRKE

Die Frequenz eines Tons misst man in Hertz (Hz). Das ist die Anzahl der Schwingungen, die einen Punkt in einer Sekunde passieren. Höhere Frequenzen nimmt man als höhere Töne wahr. Die Lautstärke wird durch die Amplitude der Schallwelle bestimmt, also dadurch, wie stark der Druck über und unter dem normalen Luftdruck variiert. Höhere Amplituden tragen mehr Energie und erscheinen lauter. Die Lautstärke misst man meist in Dezibel (dB). Auf dieser Skala ist das leiseste, gerade noch hörbare Geräusch als 0 dB definiert. Geräusche mit dem 10-Fachen, 100-Fachen, 1000-Fachen usw. Schalldruck haben dann 10 dB, 20 dB, 30 dB usw.

HARMONISCHE TÖNE

Durch Zupfen versetzt man eine Gitarrensaite in Schwingung. Da sie an beiden Enden befestigt ist, sind nur Schwingungen möglich, die an den Enden »Knoten« haben, d.h. Punkte mit der Amplitude null. Der einfachste Modus, der Grundton, hat in der Mitte eine maximale Amplitude (»Bauch«). Die Frequenz wird durch die Masse, Länge und Saitenspannung bestimmt. Andere Moden, sogenannte Harmonische, haben Knoten entlang der Saite und schwingen mit Vielfachen der Grundfrequenz.

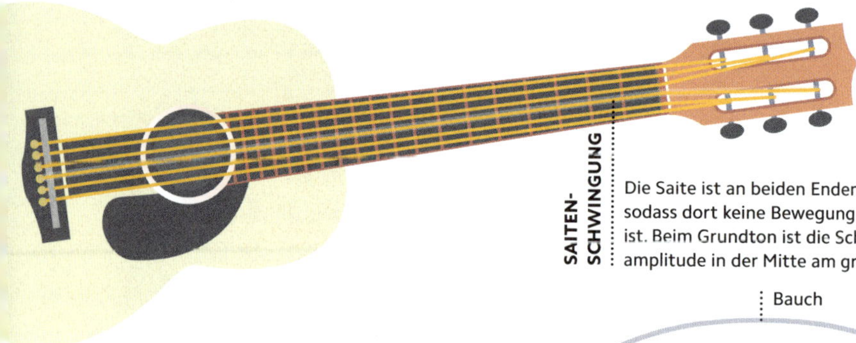

SAITEN-SCHWINGUNG

Die Saite ist an beiden Enden fixiert, sodass dort keine Bewegung möglich ist. Beim Grundton ist die Schwingungsamplitude in der Mitte am größten.

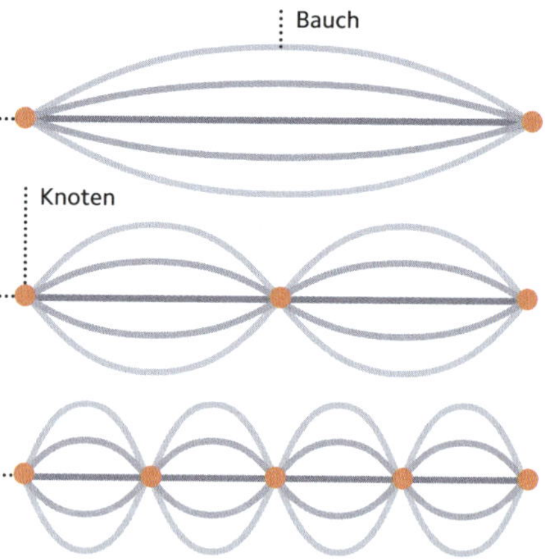

GRUNDTON (ERSTE HARMONISCHE)

Die einfachste Schwingung hat an jedem Ende einen Schwingungsknoten und in der Mitte einen Schwingungsbauch.

ZWEITE HARMONISCHE

Der nächste erlaubte Schwingungsmode hat einen Knoten im Zentrum und zwei Schwingungsbäuche und die doppelte Frequenz.

VIERTE HARMONISCHE

Es gibt auch andere Moden mit mehr Knoten und Bäuchen und noch höheren Frequenzen.

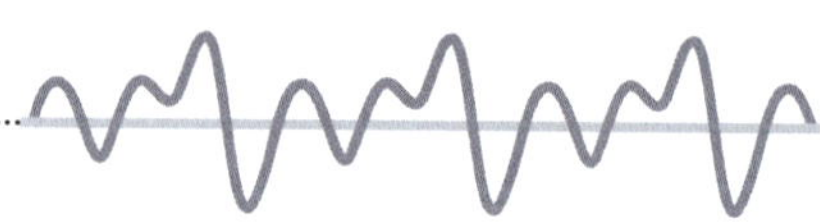

GITARRENKLANG

Die tatsächliche Saitenschwingung ist eine Mischung aus allen Moden. Der Gitarrenkorpus verstärkt einige Moden stärker und erzeugt den typischen Klang.

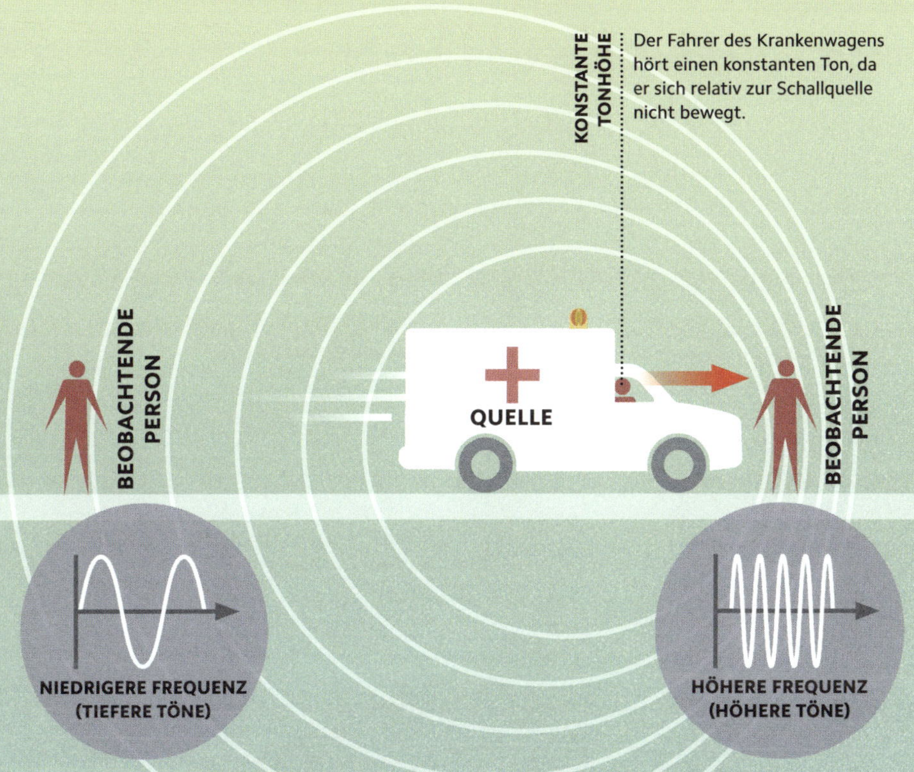

FREQUENZÄNDERUNG

Der Doppler-Effekt ist ein Phänomen, das bei allen Wellen auftritt. Im Alltag erlebt man ihn oft mit Schall. Wenn eine bewegte Schallquelle (z. B. ein Krankenwagen mit Sirene) vorbeifährt, sinkt die Tonhöhe (Frequenz) des Schalls plötzlich. Dies liegt an der Relativbewegung: Wellenberge kommen gedrängter an, wenn sich der Krankenwagen nähert, und seltener, wenn er sich entfernt. Mit dem Doppler-Effekt von Licht können Astronomen die Geschwindigkeit weit entfernter Galaxien schätzen (siehe S. 150).

HELLES LEUCHTEN

Materie, die auf eine ausreichend hohe Temperatur erhitzt wird, gibt Licht ab: Sie glüht. Licht kann jedoch auch durch Lumineszenz entstehen. Dabei werden Elektronen in Atomen angeregt (auf höhere Energieniveaus gehoben), etwa indem sie erhitzt oder in ein elektrisches Feld gebracht werden. Wenn sie auf ein niedrigeres Energieniveau zurückfallen (siehe S. 112–113), geben sie Licht einer ganz bestimmten Wellenlänge ab. Das Licht einer Kerze beruht sowohl auf Glühen als auch auf Lumineszenz.

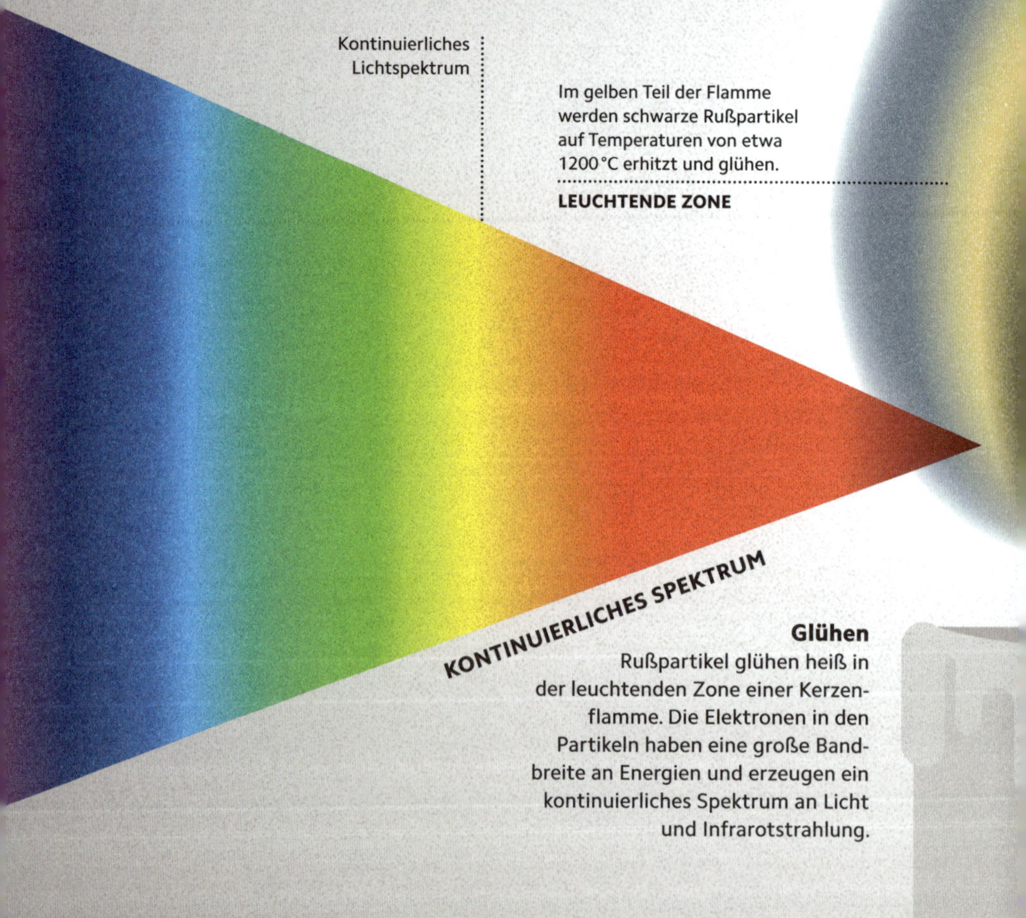

Glühen
Rußpartikel glühen heiß in der leuchtenden Zone einer Kerzenflamme. Die Elektronen in den Partikeln haben eine große Bandbreite an Energien und erzeugen ein kontinuierliches Spektrum an Licht und Infrarotstrahlung.

Das Licht von Glühwürmchen entsteht mittels Lumineszenz durch chemische Reaktionen.

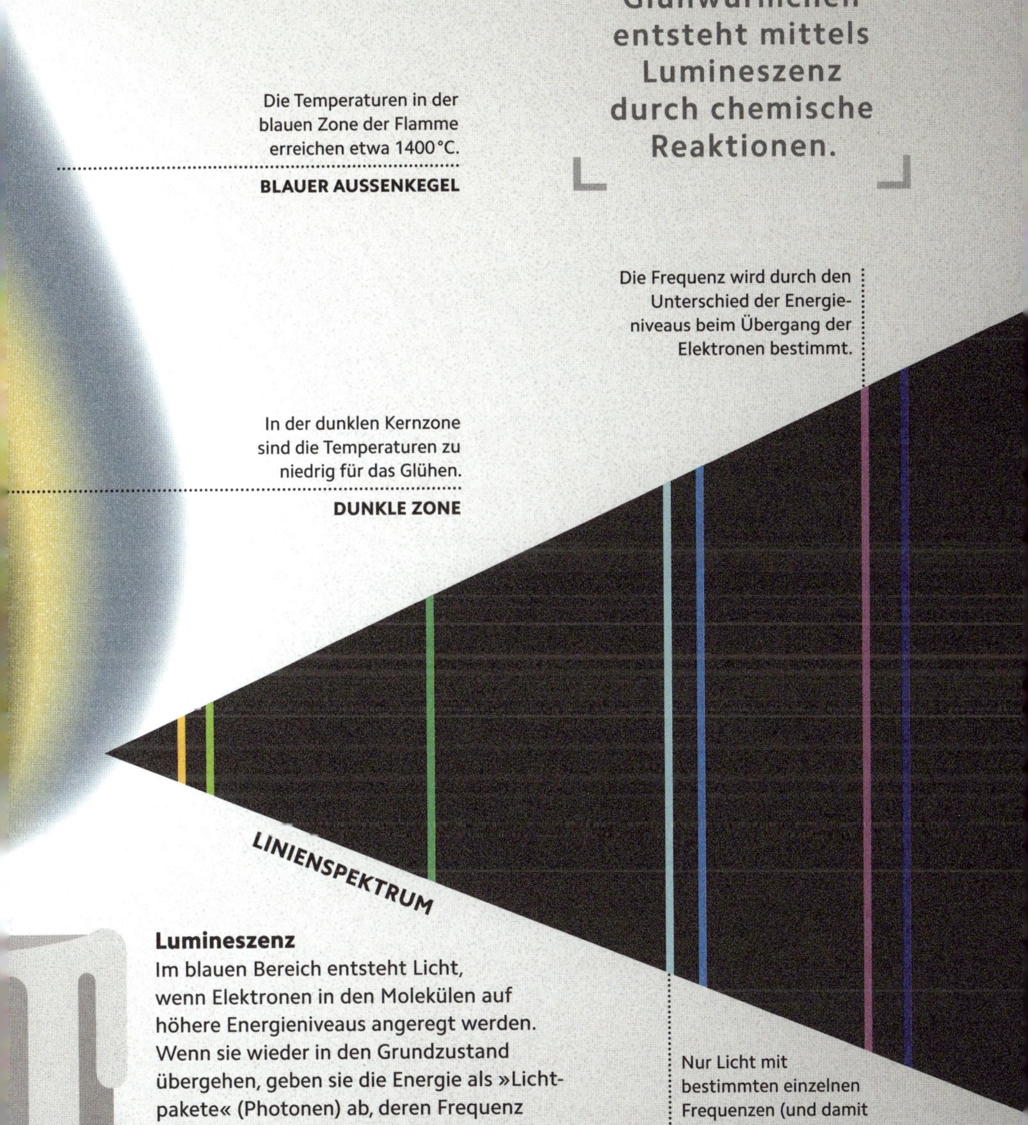

Lumineszenz
Im blauen Bereich entsteht Licht, wenn Elektronen in den Molekülen auf höhere Energieniveaus angeregt werden. Wenn sie wieder in den Grundzustand übergehen, geben sie die Energie als »Lichtpakete« (Photonen) ab, deren Frequenz (Farbe) der Energiedifferenz entspricht.

SPIEGELBILDER

Wenn Licht auf ein Objekt trifft, wird ein Teil absorbiert, ein Teil kann eindringen und gebrochen werden (siehe S. 100) und ein Teil wird reflektiert. Es gibt zwei Grundtypen der Reflexion: gerichtete (spiegelnde) und diffuse Reflexion. Gerichtete Reflexion tritt an glatten Oberflächen wie Spiegeln auf und diffuse Reflexion, bei der das Licht in viele Richtungen gestreut wird, an rauen Flächen. Der Anteil des Lichts, der reflektiert wird, bestimmt, wie hell eine Fläche erscheint: Eine dunkle Oberfläche reflektiert kaum Licht, eine weiße fast alles.

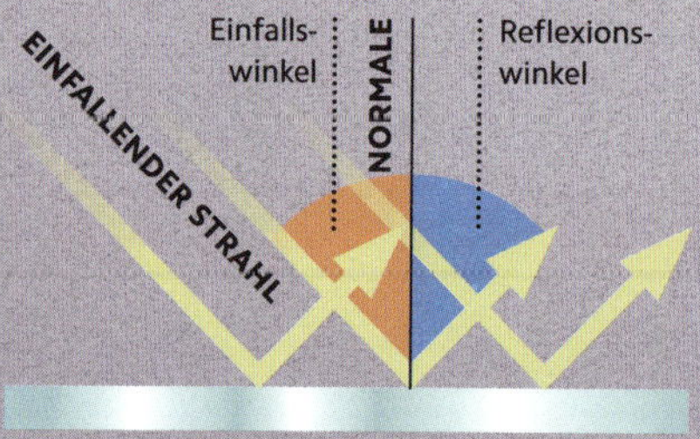

Gerichtete (spiegelnde) Reflexion
Licht wird an einer spiegelnden Oberfläche im gleichen Winkel reflektiert, in dem es auftrifft, relativ zur Normalen (der Linie senkrecht zur Oberfläche).

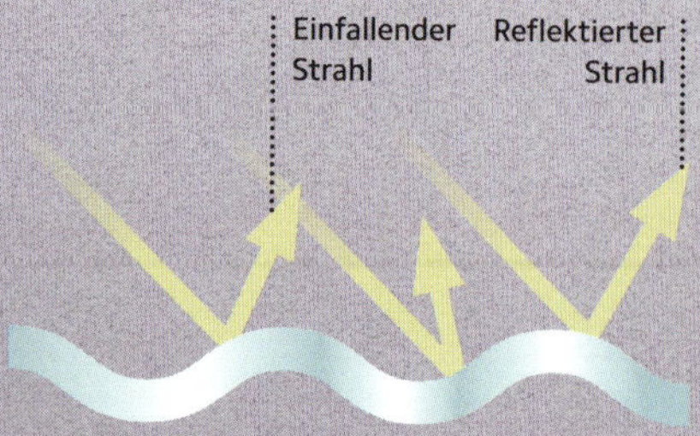

Diffuse Reflexion
Nicht spiegelnde Oberflächen reflektieren Licht zufällig in alle Richtungen.

Totalreflexion
Wenn Licht auf Glas trifft, wird ein Teil gebrochen und ein Teil reflektiert. Trifft das Licht auf die Innenfläche des Glases in einem flacheren als dem »kritischen Winkel« für dieses Material auf, wird das Licht vollständig reflektiert. Dieses Phänomen, die Totalreflexion, ermöglicht es, Licht in Glasfasern oder »Lichtleitkabeln« zu leiten.

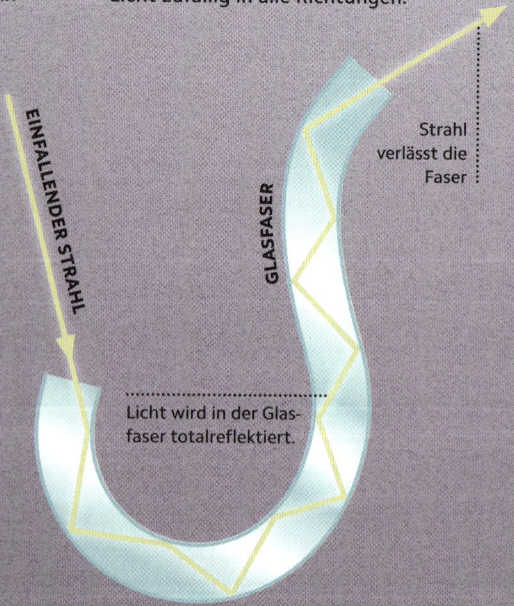

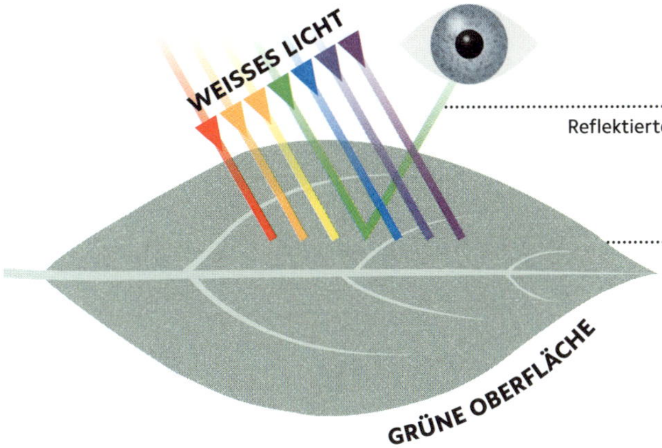

Reflektiertes grünes Licht

GRÜN SEHEN

Pflanzenblätter enthalten Pigmente, die alle Wellenlängen des Lichts sehr effizient absorbieren, mit Ausnahme von grünem Licht. Daher erscheinen Blätter bei weißem Licht grün.

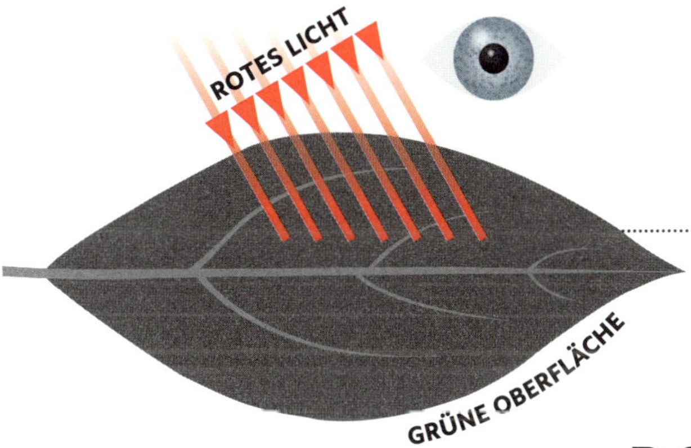

KEINE REFLEXION

Pflanzenblätter absorbieren rote Lichtwellenlängen sehr effizient. Wenn man grüne Blätter nur mit rotem Licht bestrahlt, erscheinen sie schwarz.

ROT SEHEN

Weißes Licht ist ein Gemisch aller Farben des sichtbaren Spektrums. Rotes Licht hat die längste Wellenlänge, violettes die kürzeste. Wenn Licht von einer Oberfläche reflektiert wird oder durch ein Material hindurchgeht, wird Licht absorbiert, wobei einige Wellenlängen stärker absorbiert werden als andere. Die nicht absorbierten Wellenlängen geben dem Objekt seine Farbe. Materialien können auch Licht streuen. Dabei werden einige Wellenlängen stärker gestreut. Luftmoleküle streuen Licht am blauen Ende des Spektrums stärker als am roten – dieses Streulicht sehen wir als blauen Himmel.

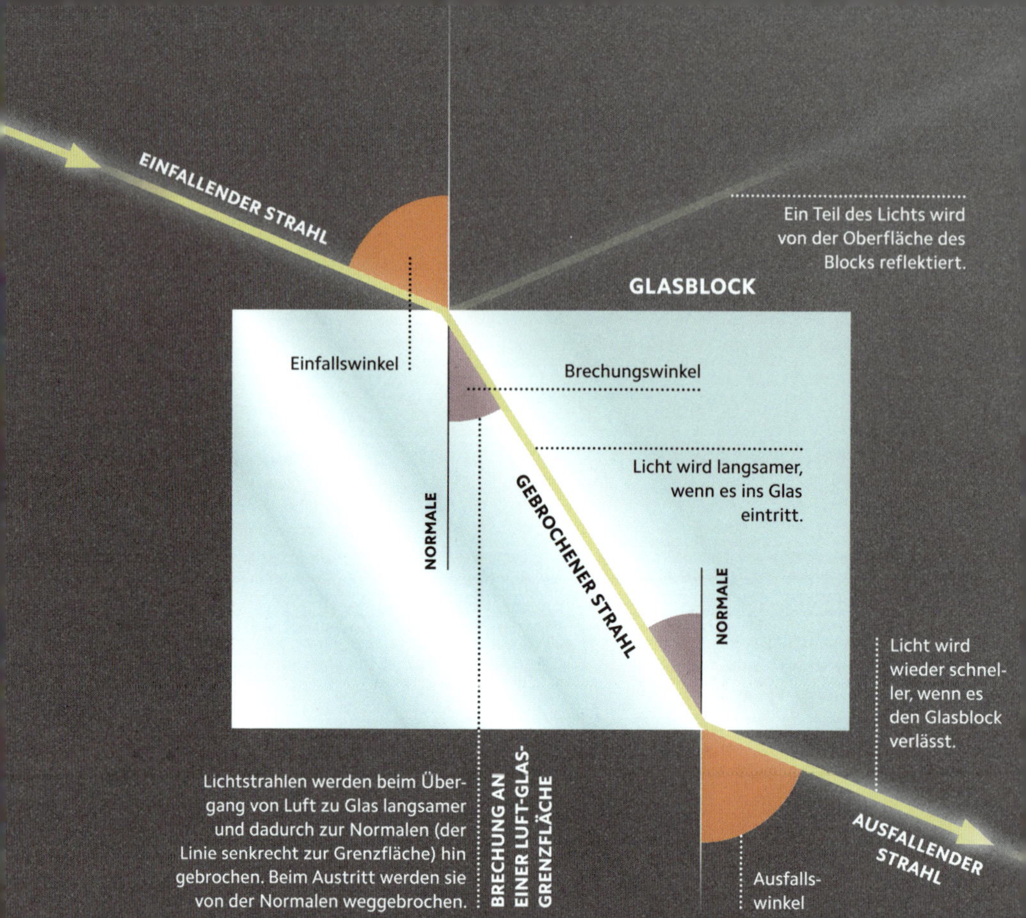

LICHT MIT KNICK

Licht läuft im Vakuum oder in Luft schneller als in dichteren Medien wie Wasser oder Glas. Wenn Licht von einem Medium in ein anderes übergeht, ändert sich neben der Geschwindigkeit auch die Richtung: Wie stark es gebrochen wird, bestimmt das Verhältnis der Lichtgeschwindigkeiten in den beiden Medien. Stoffe wie Glas und Diamant, die das Licht sehr stark bremsen, haben einen hohen Brechungsindex, Luft und Vakuum haben einen niedrigen. Eine Grenzfläche reflektiert stets etwas Licht. Ab einem bestimmten Einfallswinkel reflektiert eine innere Grenzfläche das Licht vollständig (siehe S. 98).

Lichtwege in Luft und Glas

Diese Zeichnung zeigt den Weg eines weißen Lichtstrahls durch einen Glasblock und dann durch ein Prisma. Sie veranschaulicht zwei optische Phänomene: Brechung und Dispersion, bei der Licht verschiedener Farben im Glas verschieden schnell läuft und daher verschieden stark gebrochen wird.

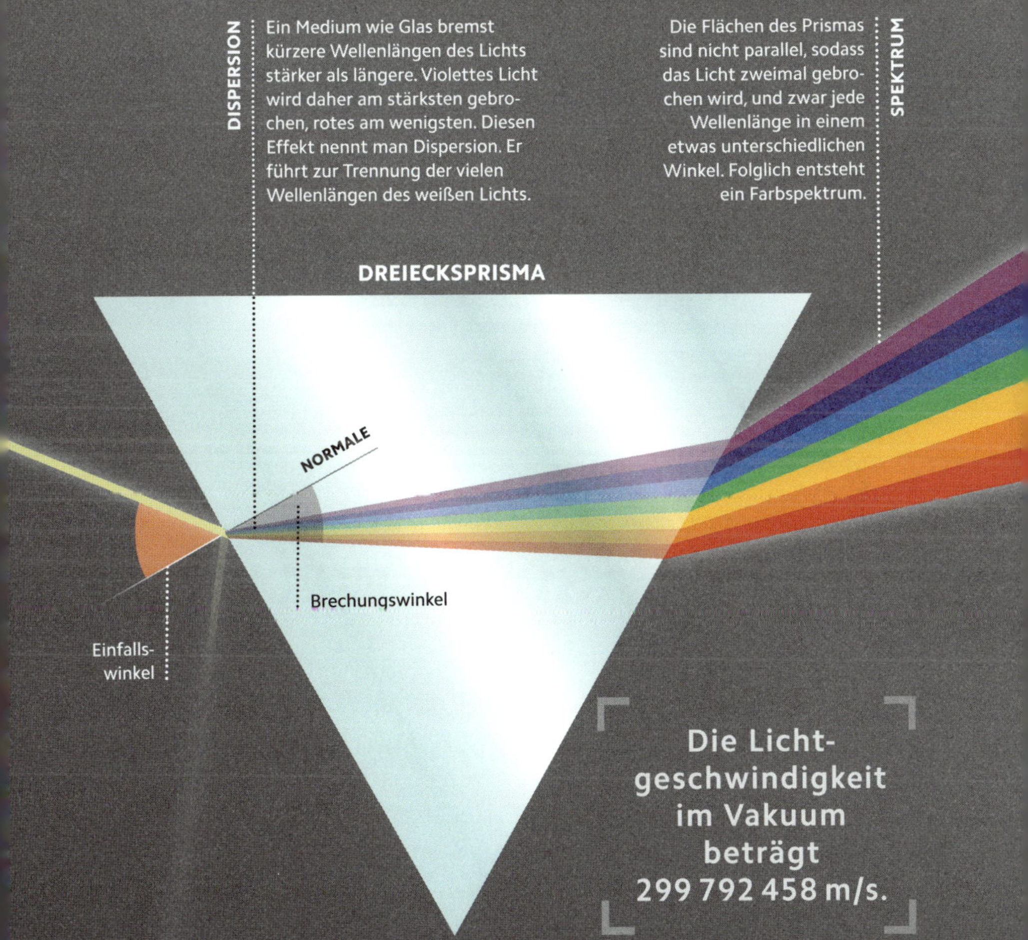

Die Lichtgeschwindigkeit im Vakuum beträgt 299 792 458 m/s.

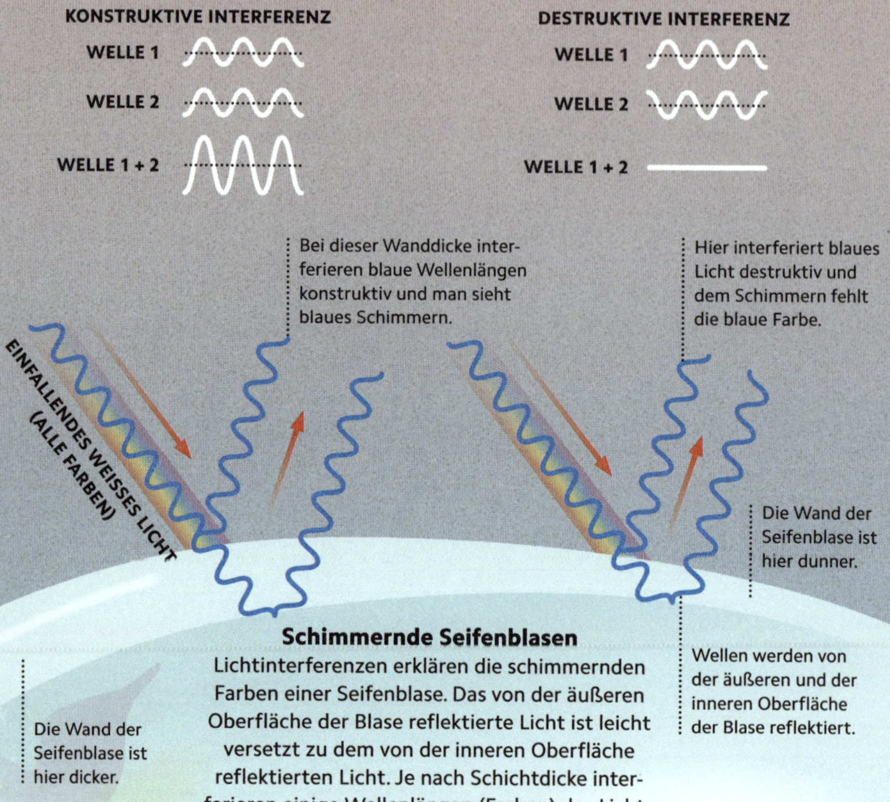

Schimmernde Seifenblasen
Lichtinterferenzen erklären die schimmernden Farben einer Seifenblase. Das von der äußeren Oberfläche der Blase reflektierte Licht ist leicht versetzt zu dem von der inneren Oberfläche reflektierten Licht. Je nach Schichtdicke interferieren einige Wellenlängen (Farben) des Lichts konstruktiv, andere destruktiv.

ÜBERLAGERTE WELLEN

Interferenz nennt man die Phänomene, die beim Zusammentreffen mehrerer Wellen auftreten. Man sieht sie bei allen Arten von Wellen, etwa Licht, Wasserwellen, Schall und anderen mechanischen Wellen. Zwei oder mehr Wellen interferieren konstruktiv (verstärken ihre Amplitude), wenn ihre Berge und Täler zusammenfallen. Dann werden die Wellen als in Phase bezeichnet. Wenn sie phasenverschoben sind, also die Berge einer Welle mit den Tälern der anderen zusammenfallen, dann interferieren sie destruktiv (löschen sich gegenseitig aus).

UM DIE ECKE

Beugung ist der Effekt, dass sich Wellen hinter einer Kante oder einem Spalt in alle Richtungen ausbreiten. Der Effekt ist besonders ausgeprägt, wenn der Spalt etwa so groß ist wie die Wellenlänge. Schall kann man durch eine offene Tür im nächsten Raum hören, da seine Wellenlängen ungefähr der Breite der Tür entsprechen. Licht hat jedoch sehr viel kürzere Wellenlängen, sodass man nicht in den nächsten Raum sehen kann. Auch Wasserwellen werden beispielsweise an einer Hafenmauer gebeugt.

Um die Ecke
Wenn Lichtwellen auf ein Hindernis treffen, werden sie leicht gebeugt. Schall wird viel stärker gebeugt, da seine Wellenlängen größer sind.

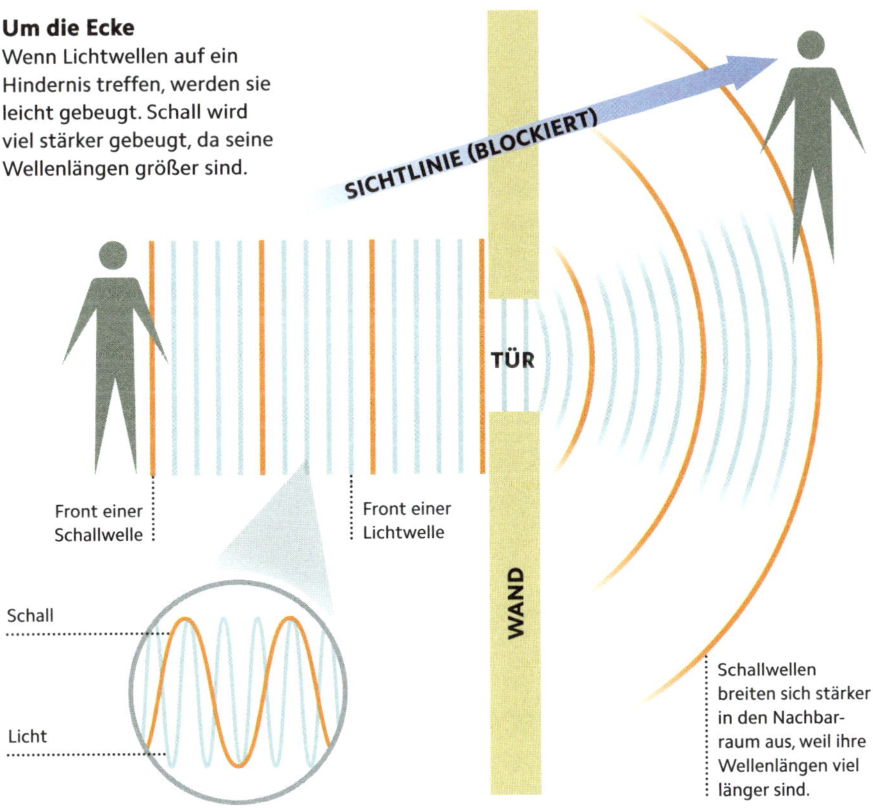

SCHARFE BILDER

Linsen und gekrümmte Spiegel können Bilder erzeugen, weil sie Lichtstrahlen konvergieren (zusammenlaufen) oder divergieren (auseinanderlaufen) lassen. Eine geeignete Linse bündelt die Strahlen, die von einem Objekt ausgehen, auf einen einzelnen Punkt. Dort wird ein reales Bild auf einen Schirm, einen Kamerasensor oder die Netzhaut projiziert. Linsen können auch virtuelle Bilder erzeugen: Sie können nicht projiziert werden, lassen ein Objekt jedoch an dieser Stelle im Raum erscheinen, weil die Strahlen scheinbar von dort ausgehen. Konkave Linsen erzeugen immer virtuelle Bilder, konvexe Linsen erzeugen jedoch je nach Abstand zum Objekt reale und virtuelle Bilder.

Konvexe Linse: reales Bild

Die Art des Bildes einer konvexen Linse hängt von der Entfernung des Objekts ab. Wenn ein Objekt weit von der Linse entfernt ist, projiziert sie ein reales Bild dieses Objekts, das verkleinert ist und auf dem Kopf steht.

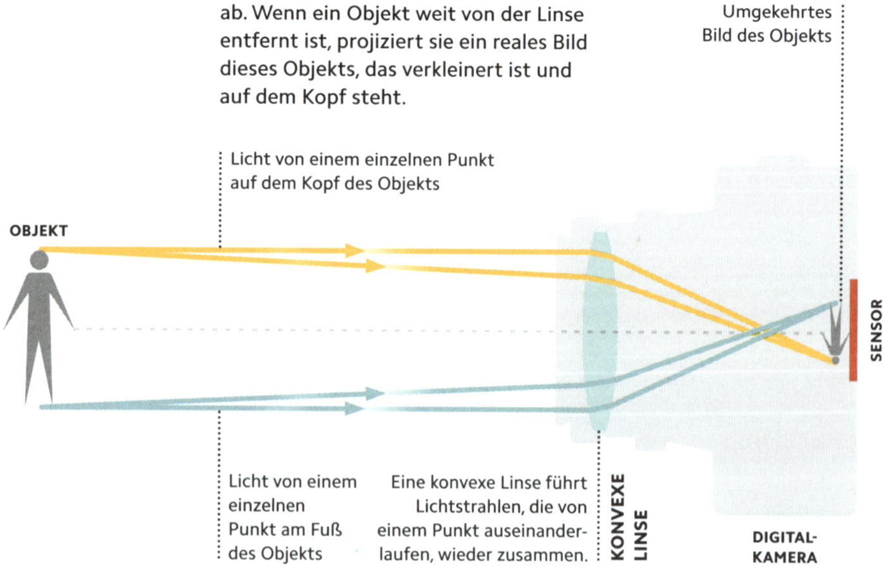

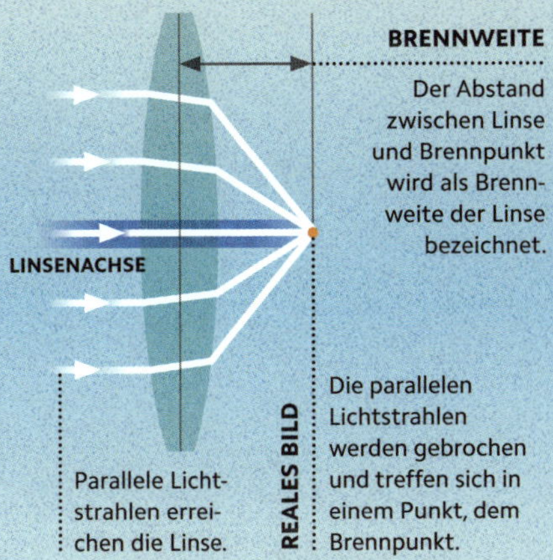

KONVEXE LINSE (SAMMELLINSE)

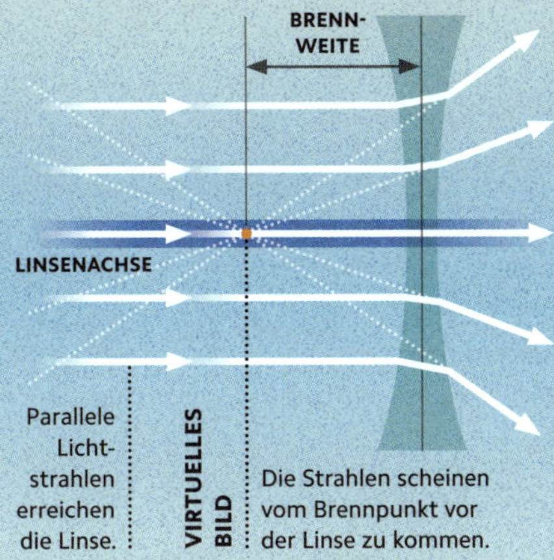

KONKAVE LINSE (STREULINSE)

Konvexe Linse: virtuelles Bild

Wenn das Objekt der Linse näher ist als ihre Brennweite, verhält sie sich wie ein Vergrößerungsglas. Das Licht scheint von einem Punkt zu kommen, der weiter entfernt ist als das Objekt.

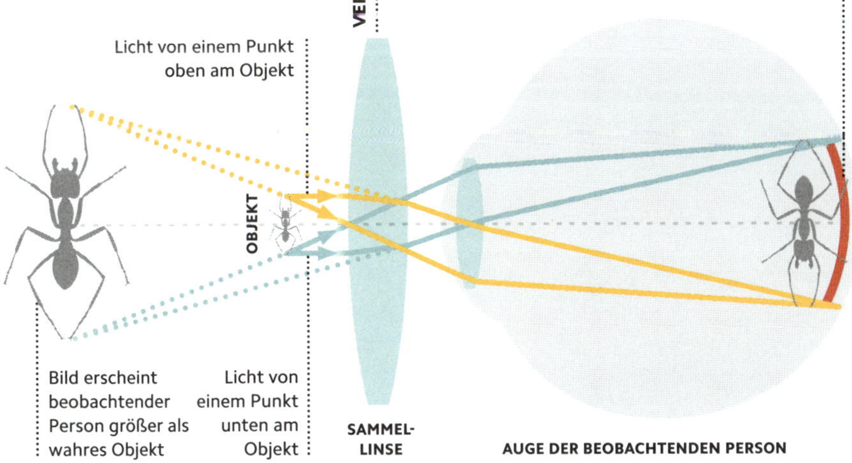

VERGRÖSSERTE BILDER

Optische Instrumente erzeugen mit Linsen und/oder Spiegeln vergrößerte Bilder. Mikroskope vergrößern das Bild sehr kleiner Objekte, während Teleskope (Fernrohre) weit entfernte Objekte abbilden und sie näher erscheinen lassen. Bei beiden Instrumenten nennt man die erste Linse bzw. den ersten Spiegel, auf die oder den das einfallende Licht trifft, das Objektiv. Es erzeugt ein umgekehrtes Bild. Eine Okularlinse verändert dann den Lichtweg, um dieses Bild zu vergrößern.

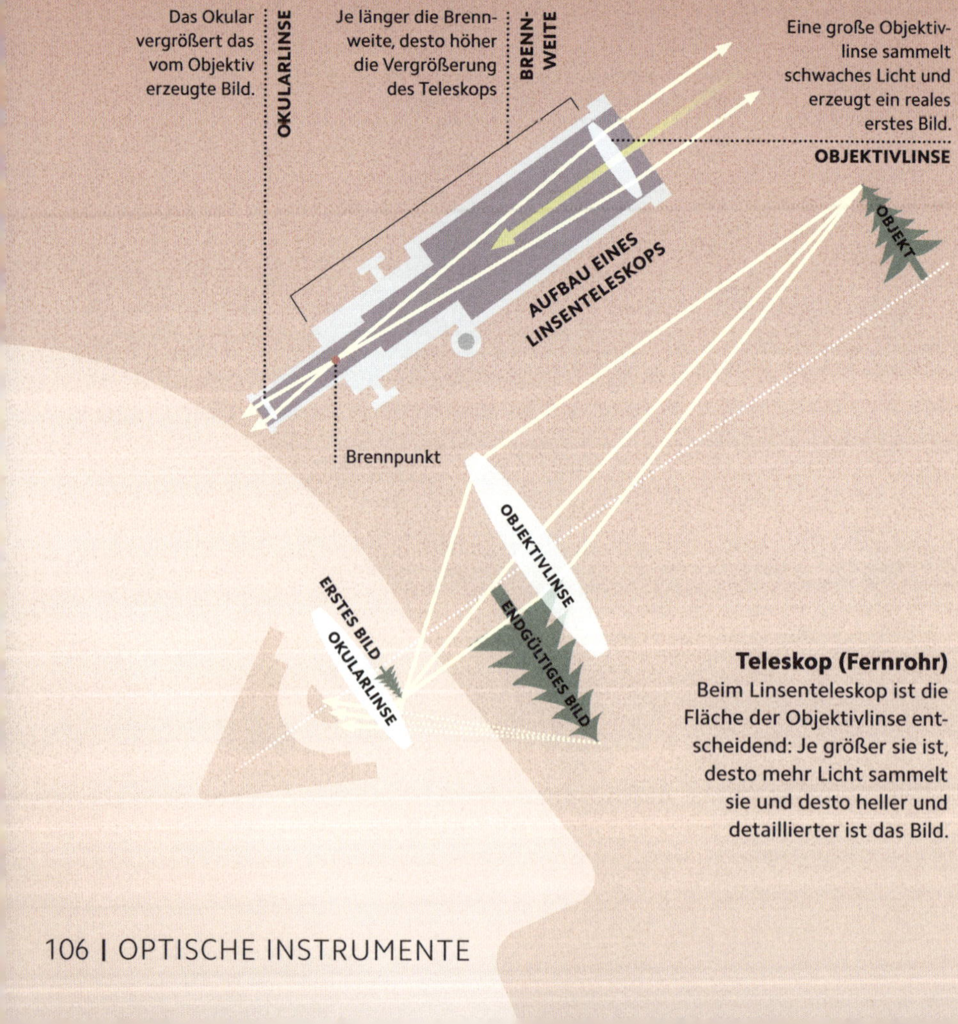

Teleskop (Fernrohr)
Beim Linsenteleskop ist die Fläche der Objektivlinse entscheidend: Je größer sie ist, desto mehr Licht sammelt sie und desto heller und detaillierter ist das Bild.

Das leistungsfähigste Lichtmikroskop kann Objekte bis zu 1000-fach vergrößern.

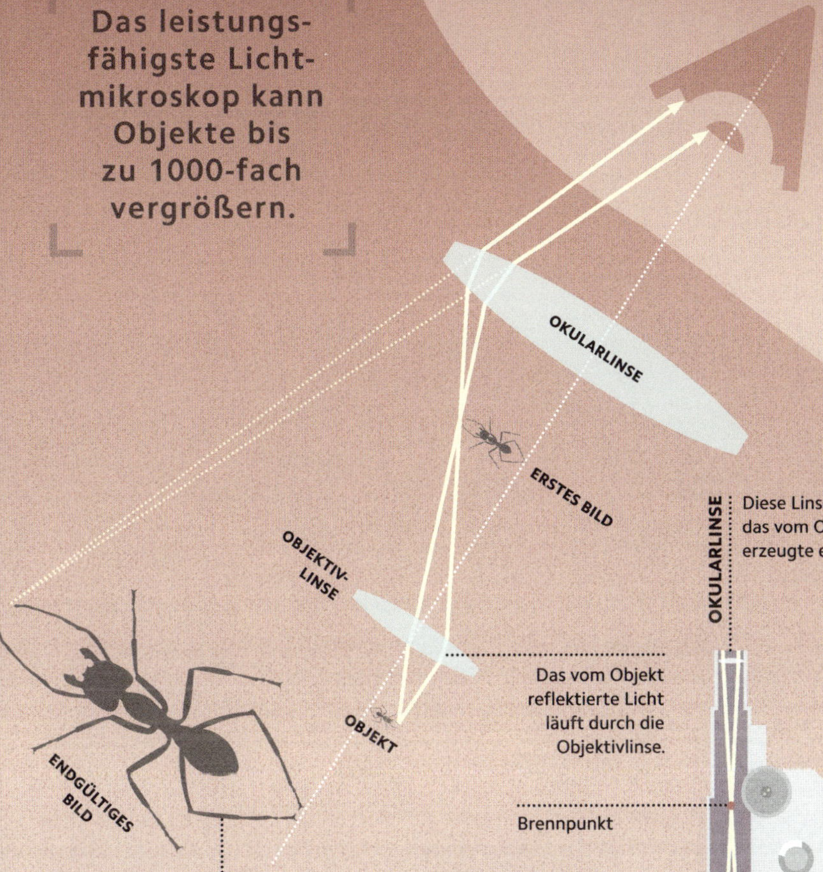

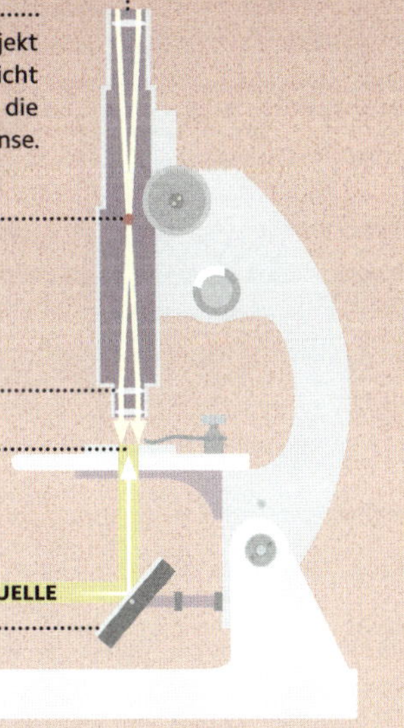

Zusammengesetztes Mikroskop

Eine einzelne Linse kann zwar vergrößerte Bilder erzeugen (siehe S. 105), aber die Kombination mehrerer Linsen ermöglicht viel höhere Vergrößerungen.

QUANT
PHYSI

E N -
K

Die Quantenphysik beschreibt die Welt auf subatomarer Ebene. Sie geht davon aus, dass Strahlung quantisiert, also in einzelne, unteilbare Pakete (Quanten) mit fester Energie, Frequenz und Wellenlänge aufgeteilt ist. Gemäß der Quantenphysik verhalten sich subatomare Teilchen ganz anders, als wir es von der makroskopischen Welt kennen. So ist Unbestimmtheit eine inhärente Eigenschaft der Welt. Dennoch erklärt die Quantenphysik bemerkenswert gut die Natur des Lichts, die Struktur des Atoms und die Wechselwirkung von Licht und Materie. Sie ist direkt anwendbar bei der Erforschung ferner Sterne, aber auch für Geräte wie MRT-Scanner oder zukünftige Quantencomputer.

LICHTTEILCHEN

Im Jahr 1905 schlug Albert Einstein vor, dass Licht sich nicht nur als Welle verhält – sondern auch als Teilchen. Dieses Teilchen nennt man Photon. Es ist die kleinste Einheit (oder Quantum) des Lichts, die existieren kann. Ein Photon hat keine Masse und keine elektrische Ladung und bewegt sich mit Lichtgeschwindigkeit im Vakuum. Man kann es sich als ein einzelnes Paket elektromagnetischer Energie vorstellen. Die Energiemenge, die ein Photon trägt, hängt von seiner Frequenz ab (siehe S. 88–89). Hochfrequente Photonen tragen mehr Energie als solche mit niedrigen Frequenzen.

PHOTONENENERGIE

Im sichtbaren Teil des elektromagnetischen Spektrums nehmen wir die unterschiedlichen Energien der Photonen als verschiedene Lichtfarben wahr.

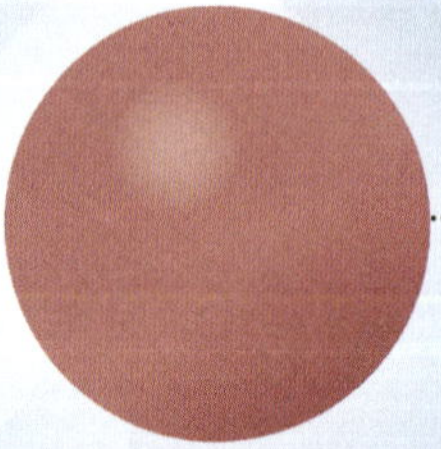

PHOTONENBEWEGUNG

Wie alle Teilchen bewegt sich ein Photon geradlinig, bis etwas seine Richtung ändert.

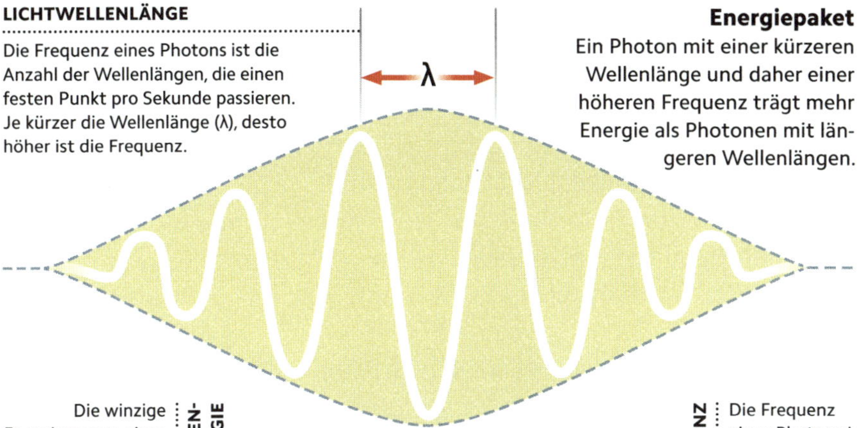

Die winzige Energiemenge eines Photons in Joule (J) — **PHOTONENENERGIE**

FREQUENZ — Die Frequenz eines Photons in Hertz (Hz = 1/s)

$$E = hf$$

Das Planck'sche Wirkungsquantum hat den winzigen Wert $6{,}626 \cdot 10^{-34}$ Js (Joulesekunden). — **PLANCK-KONSTANTE**

NATURKONSTANTE

Den Zusammenhang zwischen der Energie eines Photons und seiner Frequenz beschreibt die Gleichung $E = hf$, wobei man h Planck'sches Wirkungsquantum oder Planck-Konstante nennt. Jede Lichtmenge muss ein Vielfaches davon sein. Sein winziger Zahlenwert zeigt, dass Lichtquanten extrem klein sind – so klein, dass wir keine einzelnen Photonen sehen, sondern Licht kontinuierlich erscheint. Diese Konstante kommt in der Quantenmechanik oft vor. So ist die Wellenlänge eines Materieteilchens gleich der Planck-Konstante geteilt durch den Teilchenimpuls.

DIE ENERGIE DES PHOTONS

Wenn einige Metalle elektromagnetischer Strahlung wie Licht ausgesetzt sind, werden Elektronen aus der Metalloberfläche freigesetzt. Das nennt man fotoelektrischen Effekt. Die freien Elektronen lassen einen Strom fließen, wenn ein elektrisches Feld anliegt. Dies geschieht jedoch nur, wenn die Frequenz des Lichts über einer Schwellenfrequenz liegt, die vom Material abhängt. Niederfrequentes Licht liefert nicht genug Energie, um Elektronen aus dem Metall zu lösen, selbst wenn man die Lichtstärke erhöht. Das liegt daran, dass stärkeres Licht zwar mehr Photonen enthält, aber die Energie der einzelnen Photonen nur von der Frequenz abhängt.

LICHT Elektromagnetische Strahlung, die auf die Metalloberfläche trifft, kann man als Strom von Photonen betrachten: winzige Pakete mit unterschiedlicher Menge an Energie.

KOLLEKTOR Freie Elektronen bewegen sich durch das Vakuum und verlieren nur wenig kinetische Energie, wenn sie mit Gasmolekülen kollidieren. Sie werden von der positiven Ladung des Kollektors angezogen.

ELEKTRON Wenn ein Elektron ein Photon mit genügend großer Energie absorbiert, kann es das Metall verlassen. Jede zusätzlich absorbierte Energie trägt zur kinetischen Energie des Photons bei.

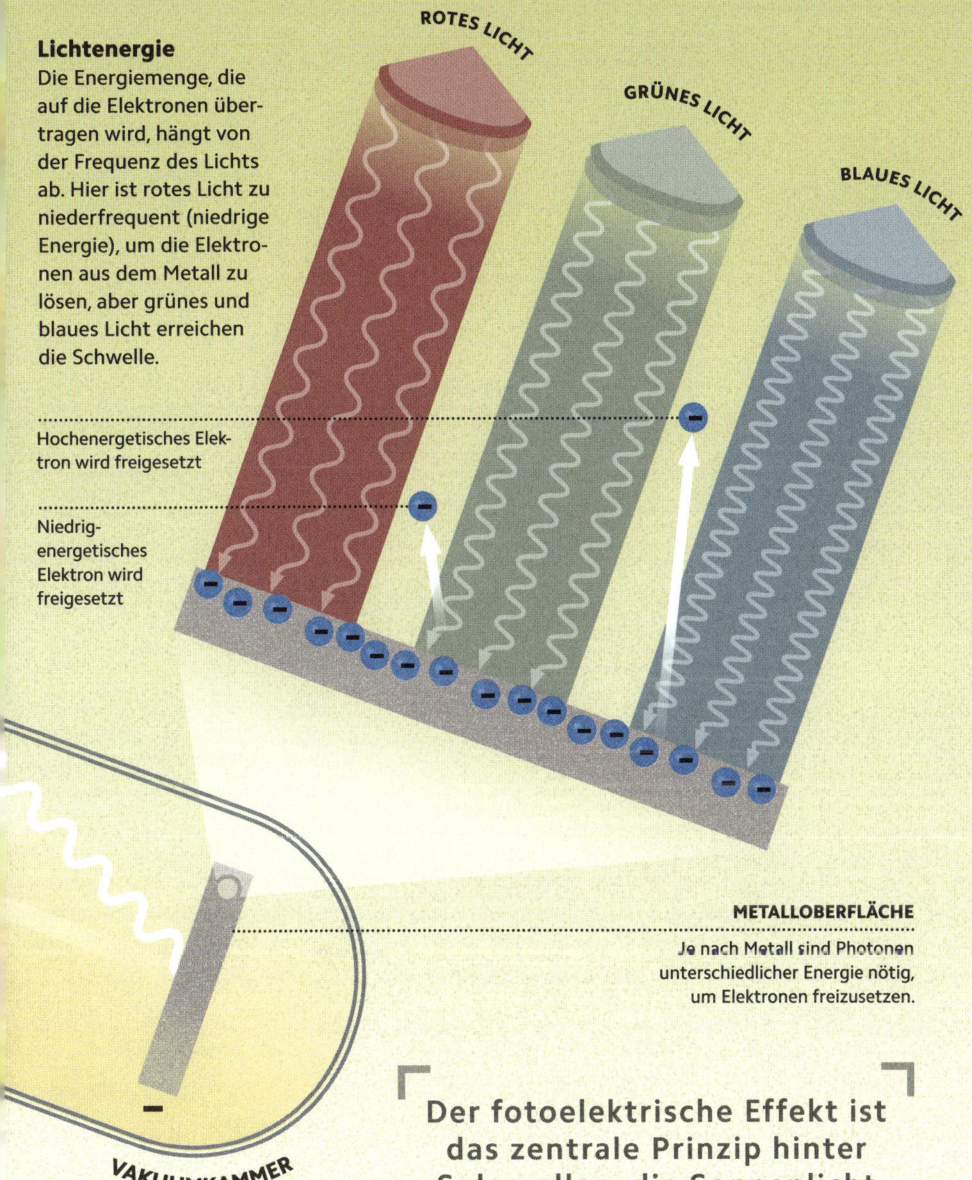

Der fotoelektrische Effekt ist das zentrale Prinzip hinter Solarzellen, die Sonnenlicht in Elektrizität umwandeln.

WELLE

Licht und Materie können sich wie Wellen verhalten und wellenartige Eigenschaften aufweisen, etwa Frequenz und Wellenlänge.

TEILCHEN

Licht und Materie können auch teilchenartiges Verhalten zeigen. So zeigt der fotoelektrische Effekt, dass Licht in diskreten Paketen auftritt.

BEIDES ZUGLEICH

Der fotoelektrische Effekt zeigt, dass Licht, das man zuvor nur als Welle auffasste, auch Teilcheneigenschaften hat. Spätere Experimente ergaben, dass sich Elektronen und andere Arten von Materie auch wie Wellen verhalten. Die klassischen Konzepte von Wellen und Teilchen genügen jeweils nicht zur Beschreibung des Verhaltens von Objekten in der Quantenwelt, wo je nach den Umständen eines Experiments wellen- oder teilchenähnliche Eigenschaften auftreten.

Wellenartiges Verhalten
Licht kann sich wie eine Welle verhalten: Es wird an den Spalten gebeugt und interferiert dann mit sich selbst, wodurch ein Interferenzmuster entsteht.

Teilchenartiges Verhalten
Licht kann sich auch wie ein Teilchenstrom verhalten. Jedes Teilchen passiert einen der beiden Spalte und trifft geradlinig auf den Schirm hinter dem Spalt.

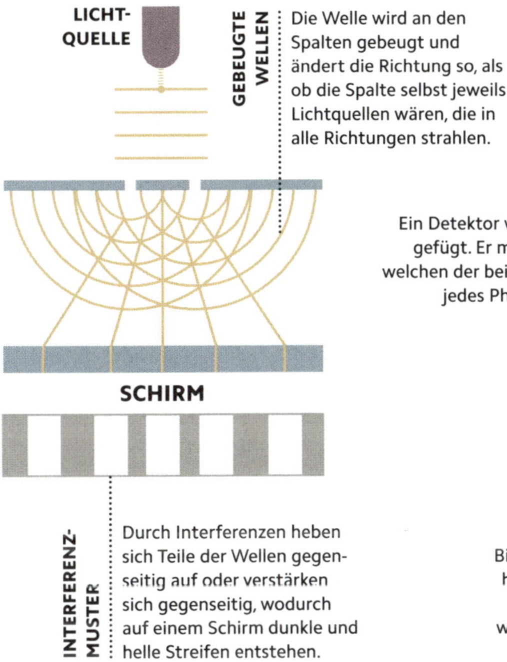

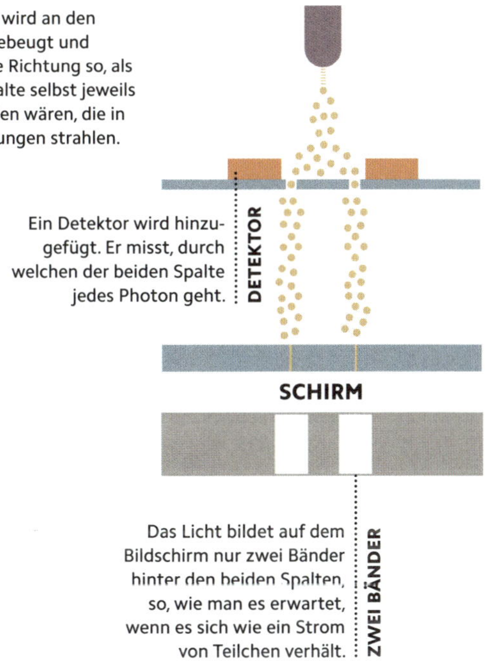

DER BEOBACHTUNGSEFFEKT

In diesem berühmten Experiment richtet man Licht auf eine Platte mit zwei Schlitzen. Das wellenartige Verhalten des Lichts erzeugt mehrere Streifen auf dem Schirm hinter diesem Doppelspalt. Wenn man das Licht jedoch mit einem Detektor »beobachtet«, verhält es sich teilchenartig. Dies deutet an, dass die Messung eines Quantensystems einen tiefgreifenden Einfluss auf dieses System hat.

WENN MÖGLICHKEITEN KOLLABIEREN

Eine Wellenfunktion ist eine mathematische Beschreibung des Zustands eines Systems (etwa eines Teilchens). Der Wert der Wellenfunktion an einem bestimmten Punkt in Raum und Zeit repräsentiert die Wahrscheinlichkeit, dass sich das Teilchen dort befindet. Wellenfunktionen können auch andere Größen wie den Spin beschreiben.

VOR DER MESSUNG

Der Betrag der Wellenfunktion zeigt an jedem Punkt die Wahrscheinlichkeit, mit der man ein Teilchen an diesem Punkt antrifft; hier in zwei Dimensionen als Höhe der Funktion dargestellt.

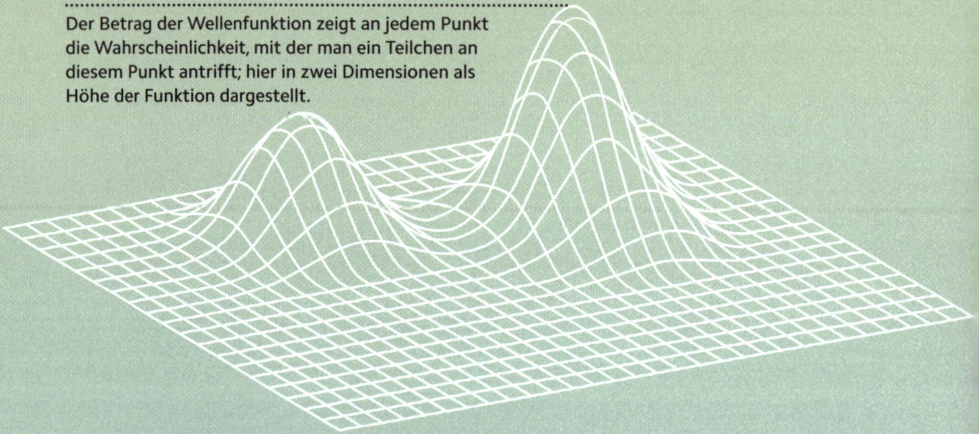

NACH DER MESSUNG

Nach der Messung ist der Ort des Teilchens festgelegt und die Wellenfunktion »kollabiert« auf einen Zustand, der die Anwesenheit des Teilchens an einem einzigen Ort repräsentiert.

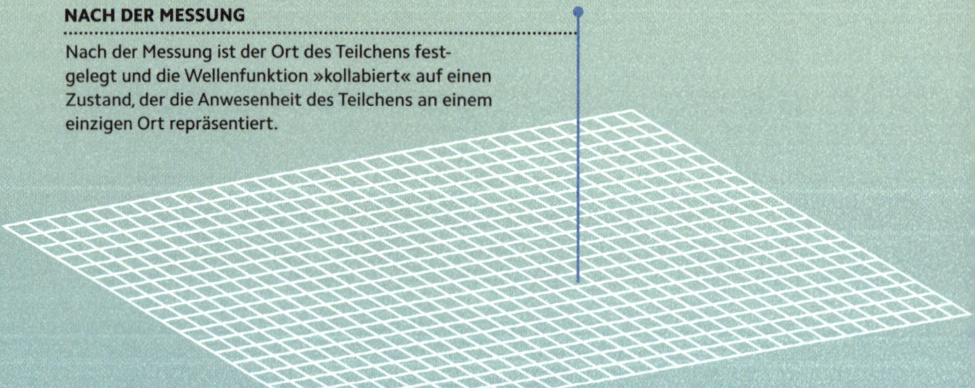

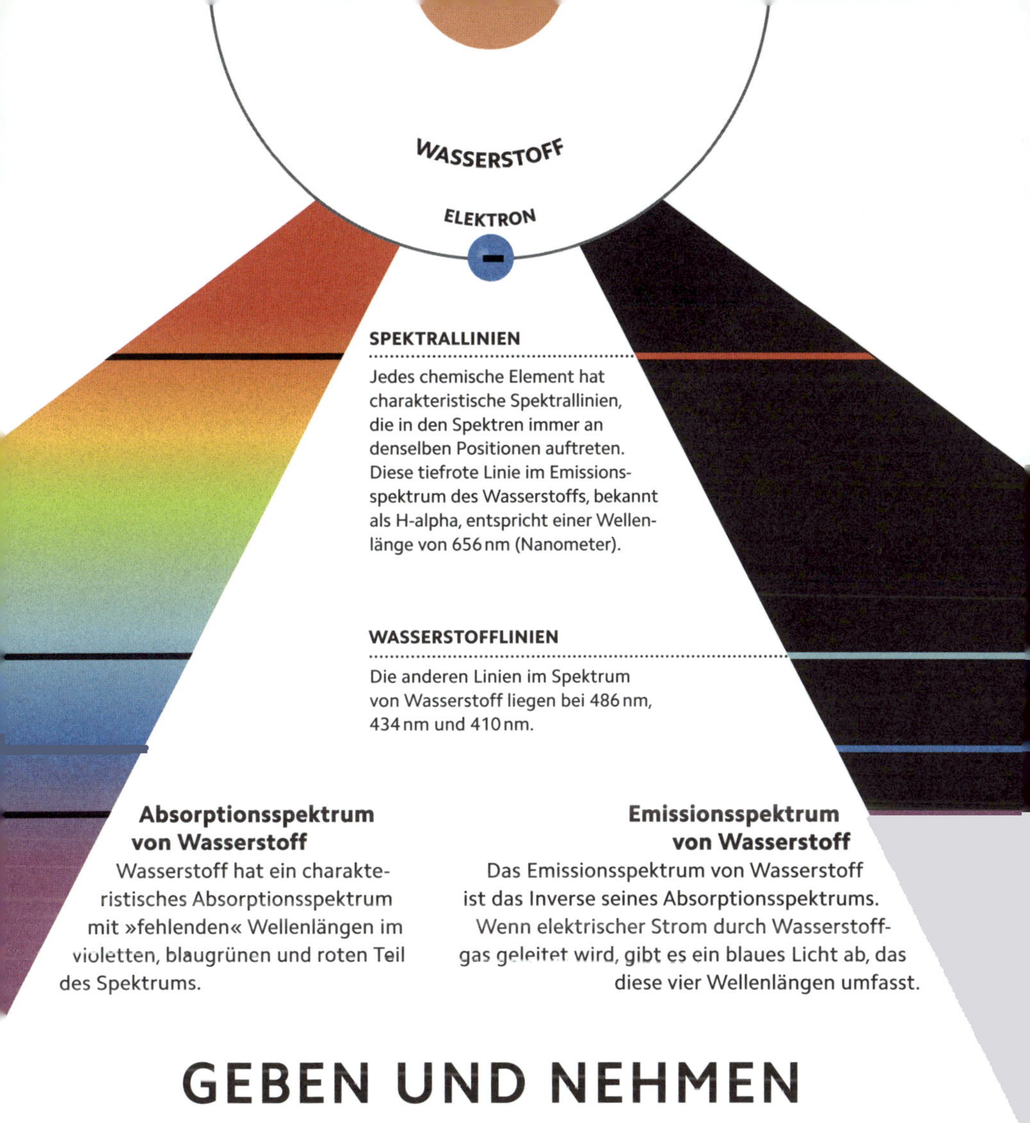

SPEKTRALLINIEN

Jedes chemische Element hat charakteristische Spektrallinien, die in den Spektren immer an denselben Positionen auftreten. Diese tiefrote Linie im Emissionsspektrum des Wasserstoffs, bekannt als H-alpha, entspricht einer Wellenlänge von 656 nm (Nanometer).

WASSERSTOFFLINIEN

Die anderen Linien im Spektrum von Wasserstoff liegen bei 486 nm, 434 nm und 410 nm.

Absorptionsspektrum von Wasserstoff

Wasserstoff hat ein charakteristisches Absorptionsspektrum mit »fehlenden« Wellenlängen im violetten, blaugrünen und roten Teil des Spektrums.

Emissionsspektrum von Wasserstoff

Das Emissionsspektrum von Wasserstoff ist das Inverse seines Absorptionsspektrums. Wenn elektrischer Strom durch Wasserstoffgas geleitet wird, gibt es ein blaues Licht ab, das diese vier Wellenlängen umfasst.

GEBEN UND NEHMEN

Glühende Objekte geben ein kontinuierliches Spektrum ab (siehe S. 96). Ein Absorptionsspektrum entsteht dagegen, wenn Strahlung von einem Stoff absorbiert wird. Es ist kontinuierlich, aber mit Lücken: Einige Wellenlängen »fehlen«, weil Elektronen durch die Absorption von Photonen mit diesen Wellenlängen auf ein höheres Energieniveau springen. Umgekehrt enthält ein Emissionsspektrum nur einzelne Wellenlängen, die emittiert werden, wenn Elektronen auf niedrigere Energieniveaus fallen.

**HAUPT-
QUANTENZAHL (n)**

Je höher die Hauptquantenzahl, desto weiter ist ein Elektron vom Kern entfernt.

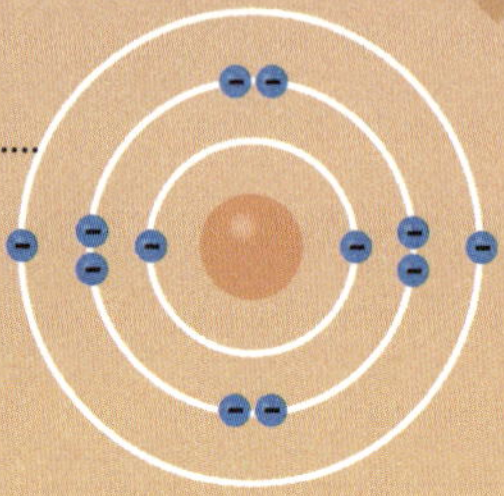

**NEBEN-
QUANTENZAHL (l)**

Die Nebenquantenzahl beschreibt den Drehimpuls eines Elektrons (seine Rotation um den Kern) und die Form seines Orbitals (ein Bereich, in dem ein Elektron gefunden werden kann).

**MAGNET-
QUANTENZAHL (m_l)**

Die Magnetquantenzahl entspricht dem Drehimpuls eines Elektrons entlang einer gegebenen Achse.

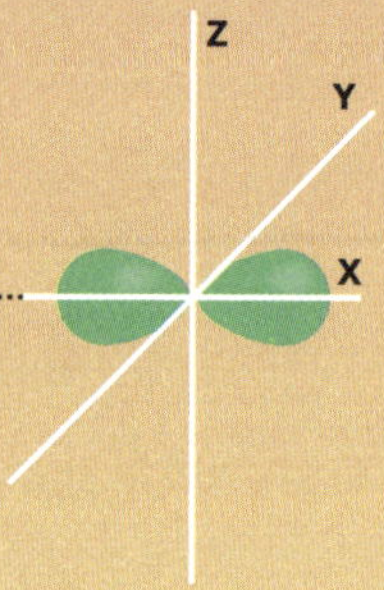

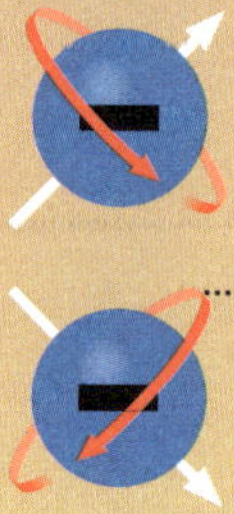

**SPIN-
QUANTENZAHL (m_s)**

Die Spinquantenzahl beschreibt den intrinsischen Drehimpuls (Spin) eines Elektrons oder anderen Teilchens (siehe gegenüber).

ZUSTÄNDE DEFINIEREN

Quantenzahlen sind Größen, die quantenmechanische Systeme beschreiben. Je nach System braucht man verschieden viele Quantenzahlen zur vollständigen Beschreibung. Für ein Elektron in einem Wasserstoffatom sind zum Beispiel vier Zahlen notwendig: Hauptquantenzahl, Nebenquantenzahl, Magnetquantenzahl und Spinquantenzahl. Andere Quantenzahlen sind zur Beschreibung subatomarer Teilchen nötig, etwa der »Flavour« (Geschmack) von Quarks (siehe S. 34).

INTRINSISCHE DREHUNG

Der Spin wird auch intrinsischer Drehimpuls genannt. Er ähnelt einem Drehimpuls, ist aber eine intrinsische (innere) Eigenschaft des Teilchens, keine reale Drehung, und unterscheidet sich vom Bahndrehimpuls für die Bewegung von Elektronen um den Kern. Der Spin ist quantisiert (er kann nur bestimmte Werte annehmen). Alle Teilchen der gleichen Art haben den gleichen Spin. So haben alle Photonen den Spin $s = 1$. Werden geladene Teilchen in ein Magnetfeld gebracht, haben die verschiedenen Ausrichtungen des Spins verschiedene Energien.

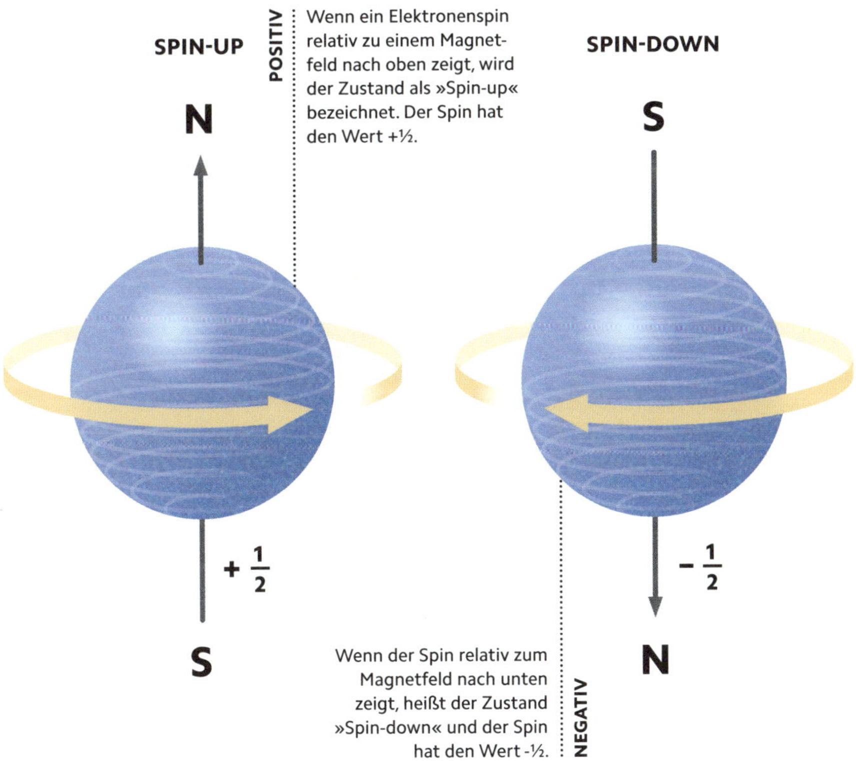

Komplementäre Größen

Das bekannteste Paar von Eigenschaften, für die die Unbestimmtheitsrelation gilt, sind Ort und Impuls. Je genauer der Ort eines Teilchens bekannt ist, desto weniger genau kann sein Impuls bekannt sein und umgekehrt. Solche gepaarten Eigenschaften nennt man komplementäre Größen.

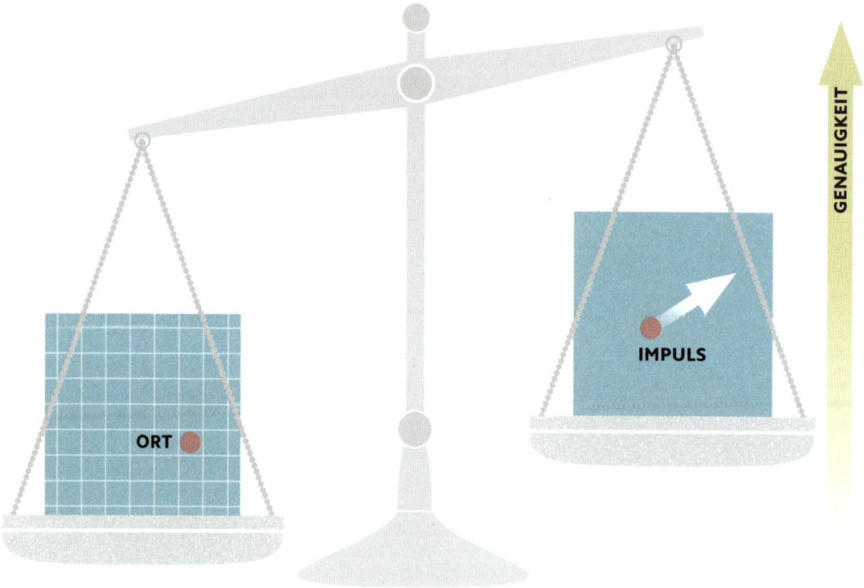

WISSEN UND NICHT WISSEN

In der Quantenwelt gibt es eine Grenze dafür, wie genau man bestimmte Paare von Eigenschaften – wie Ort und Impuls eines Teilchens – gleichzeitig bestimmen kann. Je präziser eine dieser Eigenschaften bekannt ist, desto weniger ist über die andere bekannt. Diese Unbestimmtheitsrelation (oder Unschärferelation) wurde 1927 vom deutschen Physiker Werner Heisenberg entdeckt. Sie ist eine Folge des Welle-Teilchen-Dualismus (siehe S. 114) und gilt für alle Quantenobjekte.

FLÜCHTIGE ERSCHEINUNG

Dank der Unbestimmtheitsrelation können virtuelle Teilchen für extrem kurze Zeiträume aus dem Vakuum auftauchen. Virtuelle Teilchen ähneln eher Störungen im Feld als gewöhnlichen Teilchen und sie helfen, Wechselwirkungen zwischen gewöhnlichen Teilchen zu beschreiben. So zeigt sich die elektromagnetische Kraft zwischen zwei geladenen Teilchen als eine Störung im elektromagnetischen Feld und man kann sie als Austausch eines virtuellen Photons auffassen.

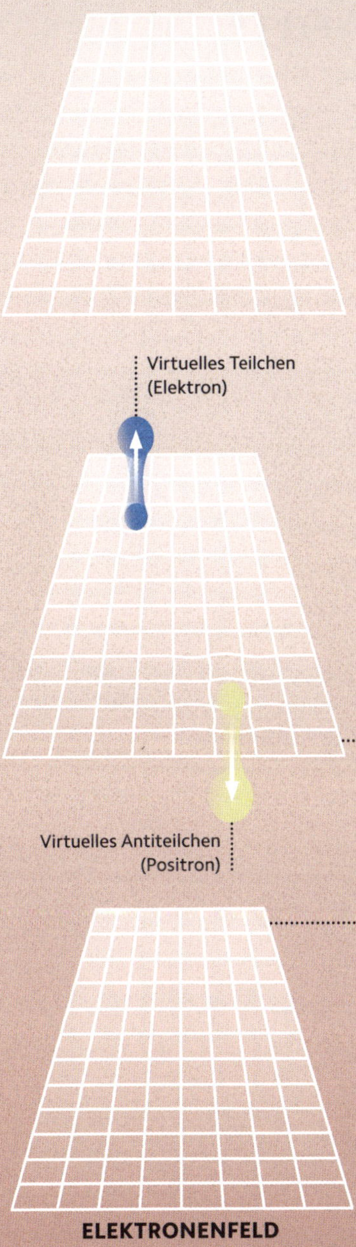

VIRTUELLE TEILCHEN UND ANTITEILCHEN ERSCHEINEN

Energie und Zeit sind komplementäre Variablen, sodass Energie aus dem »Nichts« entstehen kann, wenn sie schnell wieder verschwindet. Je mehr Energie, desto kürzer die Zeit, in der sie innerhalb eines Feldes existieren kann.

QUANTENFELD

Laut der Quantenphysik sind Teilchen Anregungen ihrer entsprechenden Felder. Elektronen sind zum Beispiel Anregungen des Elektronenfeldes.

Teilchen-Antiteilchen-Paare

Das Vakuum ist nicht wirklich ein Nichts, sondern sprudelt über vor Teilchen-Antiteilchen-Paaren, die kurzzeitig entstehen und sich dann nach extrem kurzer Zeit wieder gegenseitig vernichten.

GETRENNT VERBUNDEN

Quantenverschränkung bedeutet, dass zwei oder mehr Teilchen in ihren Quantenzuständen verbunden sind, selbst wenn sie durch riesige Entfernungen getrennt sind. Wenn man an einem Teilchen eine Eigenschaft misst, kollabiert – trotz der Entfernung – auch am anderen Teilchen die Wellenfunktion (siehe S. 116) in den entsprechenden Zustand und eine Messung seiner Eigenschaft ergibt dann einen Wert, der zu dem des ersten Teilchens passt.

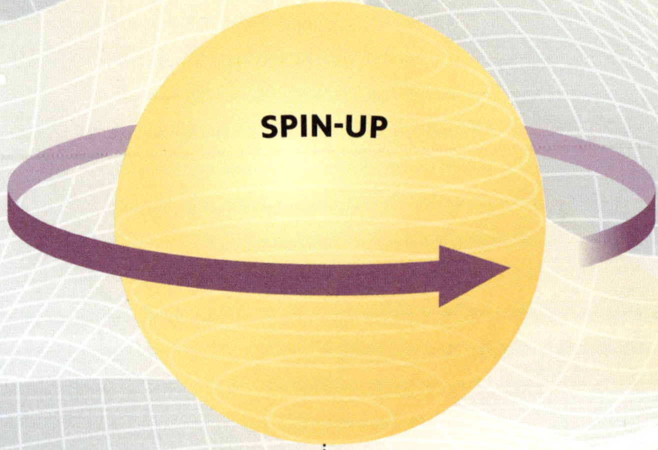

Korrelation der Teilchen
Eine Messung einer Eigenschaft – etwa des Spins – eines verschränkten Teilchens bestimmt auch die Eigenschaft des anderen. Albert Einstein nannte das »spukhafte Fernwirkung«.

TEILCHEN A

Die Messung des Zustands von Teilchen A führt dazu, dass die Wellenfunktion des gesamten Systems kollabiert, einschließlich die von Teilchen B. Hier wird der Spin von Teilchen A gemessen und als Spin-up bestimmt.

> »Die Quantenverschränkung ermöglicht es, Informationen schneller als das Licht zu senden … Die … gesendete Information ist zufällige, nutzlose Information.«
>
> Michio Kaku

TEILCHEN B

An einem anderen Ort wird Teilchen B nun in einem Zustand vorgefunden, der Teilchen A ergänzt. Wenn Teilchen A zum Beispiel Spin-up hat, ist der korrelierte Spin von Teilchen B augenblicklich als Spin-down festgelegt.

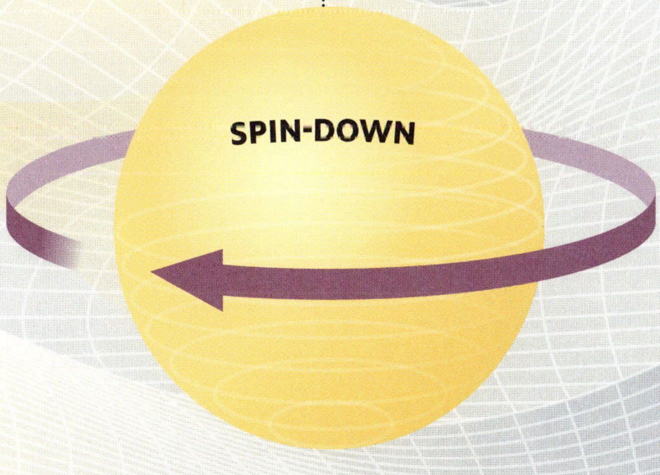

EINE EINZIGE KRAFT

Eines der ehrgeizigsten Projekte der Physik ist der Versuch, die Quantenphysik, die die elektromagnetische, schwache und starke Kraft beschreibt (siehe S. 32–33), mit der allgemeinen Relativitätstheorie, die die Gravitation beschreibt, zu einer einzigen Theorie zu vereinen, die sämtliche Kräfte im Universum beschreiben würde. Wenn das möglich ist, würde diese Theorie von Allem die Vereinigung der vier Grundkräfte zu einer einzigen Kraft bei sehr hohen Energien, etwa kurz nach dem Urknall, erklären. Die Formulierung der Gravitation als Quantenkraft erweist sich jedoch als schwierig, da sie konzeptionell ganz anders als die anderen Kräfte, nämlich als Krümmung der Raumzeit, modelliert wird (siehe S. 136).

GROSSE VEREINHEITLICHTE THEORIEN Die großen vereinheitlichten Theorien versuchen, die starke und die elektroschwache Kraft bei extrem hohen Energien, die dem sehr frühen Universum entsprechen, zu einer einzigen Kraft zu vereinigen.

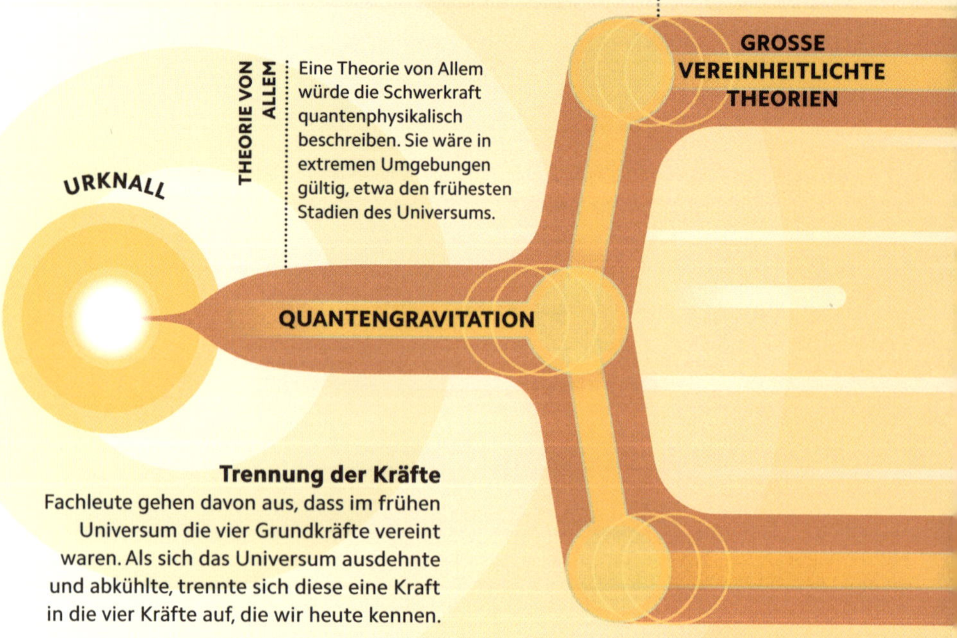

THEORIE VON ALLEM Eine Theorie von Allem würde die Schwerkraft quantenphysikalisch beschreiben. Sie wäre in extremen Umgebungen gültig, etwa den frühesten Stadien des Universums.

Trennung der Kräfte
Fachleute gehen davon aus, dass im frühen Universum die vier Grundkräfte vereint waren. Als sich das Universum ausdehnte und abkühlte, trennte sich diese eine Kraft in die vier Kräfte auf, die wir heute kennen.

ELEKTRIZITÄT UND MAGNETISMUS

James Clerk Maxwell zeigte, dass sich ändernde elektrische Felder Magnetfelder induzieren und umgekehrt. Er vereinte diese beiden scheinbar unterschiedlichen Phänomene zu einer Theorie des Elektromagnetismus.

ELEKTROSCHWACHE THEORIE

Die elektromagnetische und die schwache Kraft verschmelzen bei hohen Energien, die der Zeit vor der Quark-Ära (als Quarks erstmals auftraten) entsprechen, die 10^{-12} Sekunden nach dem Urknall begann.

RELAT

IVITÄT

Die spezielle und die allgemeine Relativitätstheorie beschreiben die physikalischen Gesetze in einigen der extremsten Situationen. Sie folgen aus der Tatsache, dass Licht, der ultimative Träger unserer Informationen über die Welt, eine endliche (wenn auch sehr hohe) Geschwindigkeit hat, die stets gleich ist, unabhängig davon, wie sich Quelle und Beobachter relativ zueinander bewegen. Die spezielle Relativitätstheorie beschreibt Effekte bei sehr schnellen Relativbewegungen und zeigt eine unerwartete Flexibilität in den Dimensionen von Raum und Zeit. Die allgemeine Relativitätstheorie erweitert dies auf Situationen, in denen Körper beschleunigt werden, insbesondere in Gravitationsfeldern.

Klassische Relativitätstheorie
In der einfachen Relativität der klassischen Physik nehmen Beobachtende auf einem fahrenden Schiff und an Land Phänomene verschieden wahr, sind sich aber über die Gleichzeitigkeit von Ereignissen einig.

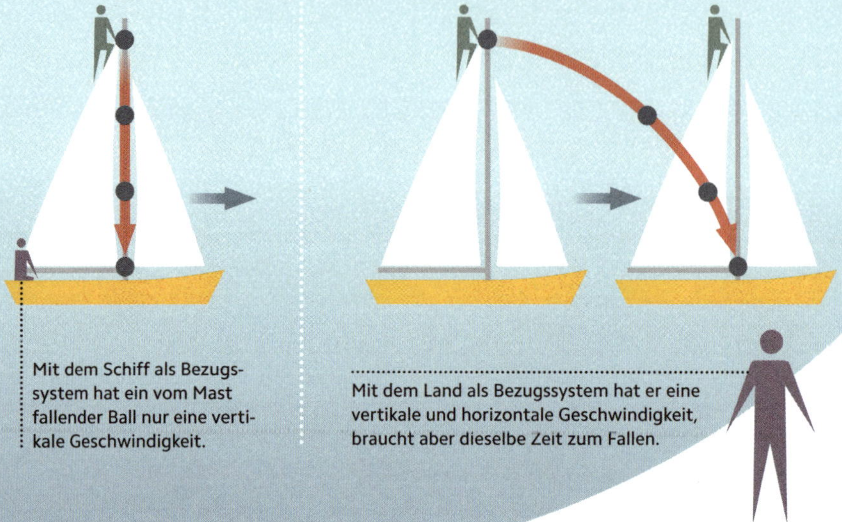

Mit dem Schiff als Bezugssystem hat ein vom Mast fallender Ball nur eine vertikale Geschwindigkeit.

Mit dem Land als Bezugssystem hat er eine vertikale und horizontale Geschwindigkeit, braucht aber dieselbe Zeit zum Fallen.

RELATIV GESEHEN

In einem völlig geschlossenen Raum hast du keine Möglichkeit zu wissen, ob der Raum stillsteht oder sich konstant schnell bewegt. Ein solcher Raum heißt Inertialsystem (»inertial« bedeutet unbeschleunigt). Geschwindigkeitsmessungen hängen davon ab, welches Bezugssystem man wählt (siehe oben). 1905 ging Albert Einstein davon aus, dass die Lichtgeschwindigkeit im Vakuum in allen Bezugssystemen gleich ist – unabhängig davon, ob sich die Quelle oder die beobachtende Person bewegt. In der Folge sind sich Beobachtende in verschiedenen Bezugssystemen nicht immer darin einig, ob Ereignisse gleichzeitig stattfinden.

Spezielle Relativitätstheorie

Einsteins spezielle Relativitätstheorie vergleicht die Beobachtung von Licht in verschiedenen Bezugssystemen. Die konstante Lichtgeschwindigkeit bedeutet, dass die beiden Personen unten den Ablauf der Zeit auf unterschiedliche Weise erleben.

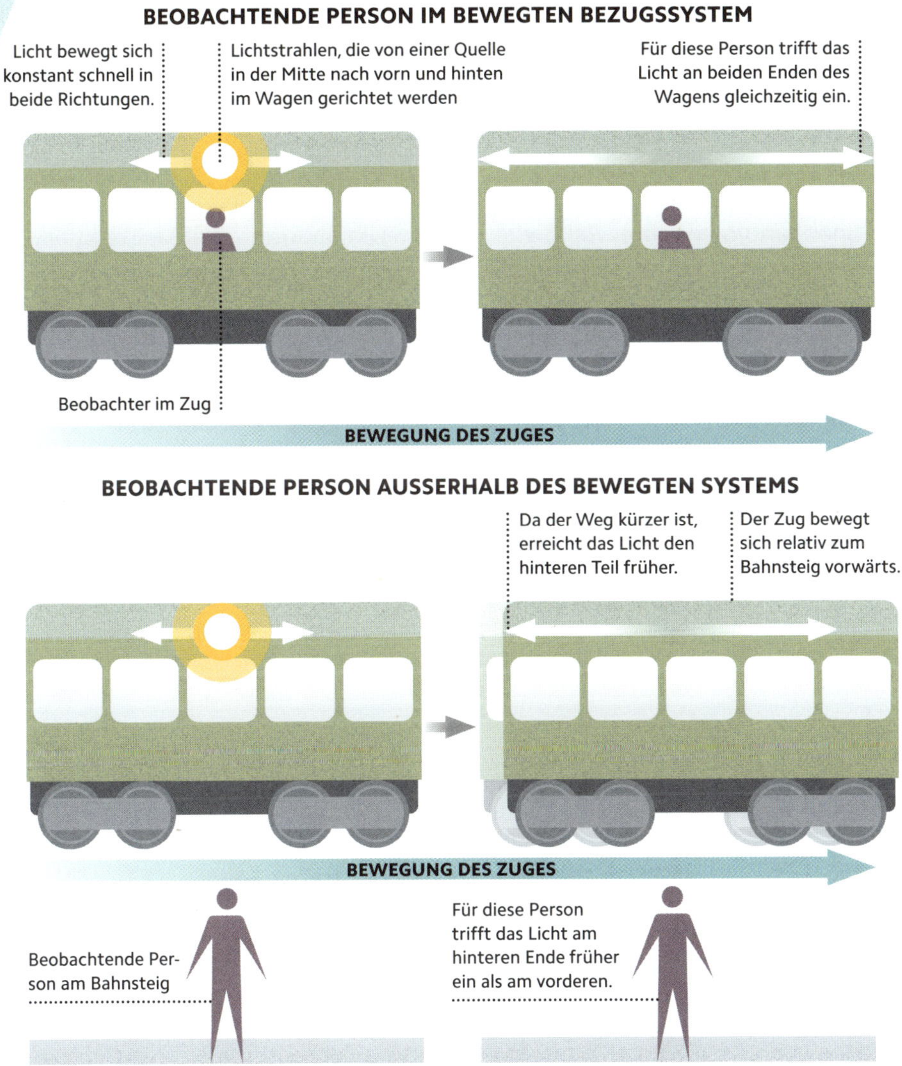

DIE SUCHE NACH DEM ÄTHER

Wellen auf einem Teich existieren, weil das Medium – Wasser – gestört wird. Physikerinnen und Physiker dachten einst, man würde auch ein Medium, das Lichtwellen trägt, entdecken. Sie gaben ihm sogar einen Namen: Lichtäther. Existierte der Äther, müsste die Bewegung der Erde durch ihn dazu führen, dass die Lichtgeschwindigkeit je nach Richtung verschieden ist. Ausgeklügelte Versuche fanden keine solchen Variationen. Einsteins spezielle Relativitätstheorie akzeptiert die Lichtgeschwindigkeit als Konstante, die für alle Beobachtenden identisch ist, unabhängig von ihrer Relativbewegung. Die Theorie wurde experimentell bestätigt und ist ein Eckpfeiler der modernen Wissenschaft.

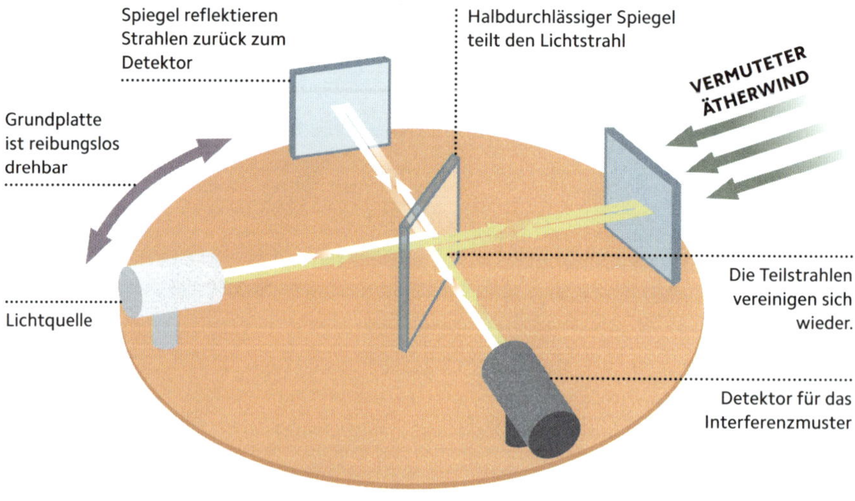

Konstante Koinzidenz
Experimentatoren, die nach dem Äther suchten, teilten einen Lichtstrahl in zwei senkrechte Wege auf und führten ihn dann wieder zusammen, um Interferenzmuster zu erzeugen (siehe S. 115). Sie erwarteten, dass die Strahlen je nach ihrer Ausrichtung im »Ätherwind« leicht verzögert würden, was das Interferenzmuster ändert. Doch die Strahlen blieben immer gleich.

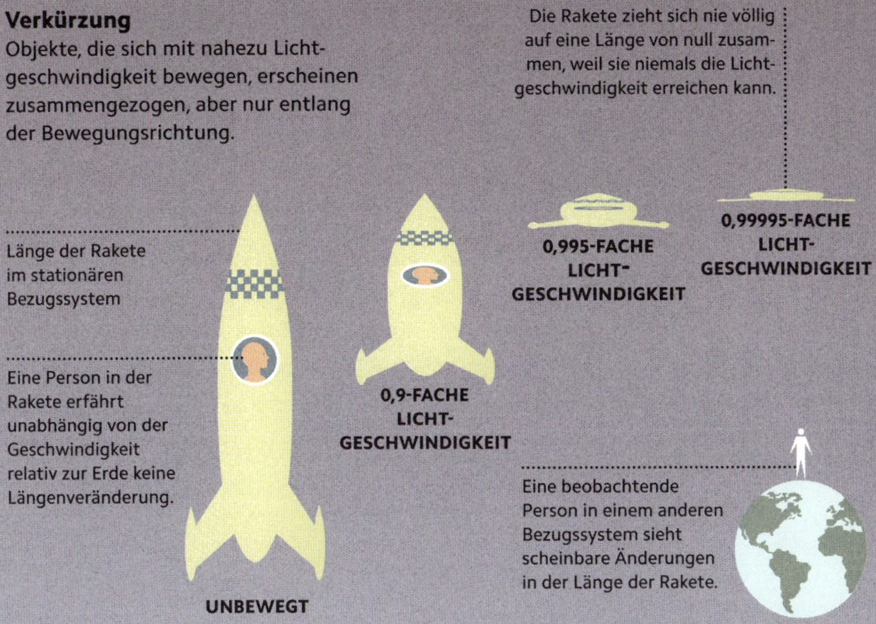

SCHNELLE DINGE WERDEN KÜRZER

Licht bewegt sich im Vakuum konstant mit knapp 300 000 km/s. Die spezielle Relativitätstheorie trifft mehrere Vorhersagen für die Messung von Objekten, die sich mit fast Lichtgeschwindigkeit bewegen, etwa eine Kontraktion der Länge in Bewegungsrichtung. Stell dir ein Raumschiff vor, das mit 90 % der Lichtgeschwindigkeit (0,9 c) vorbeifliegt. Eine Person an Bord und eine beobachtende Person auf der Erde messen beide die Abmessungen des Schiffes mithilfe der Zeit, die das Licht für die Strecke braucht. Wegen ihrer Relativbewegung bestimmen sie die Position des Lichtstrahls zu jedem Zeitpunkt verschieden (siehe S. 129) und daher auch die gemessenen Längen.

GLEICHZEITIG ODER NICHT?

Eine Konsequenz der Relativitätstheorie ist, dass Beobachtende in verschiedenen Bezugssystemen nicht darin übereinstimmen, ob Ereignisse gleichzeitig stattfinden. Dies führt zum Effekt der Zeitdilatation. Eine Person in einem Bezugssystem sieht, wie die Zeit in einem anderen Bezugssystem, das sich mit fast Lichtgeschwindigkeit bewegt, langsamer vergeht. Für Objekte, die sich mit 86,6 % der Lichtgeschwindigkeit bewegen, fließt die Zeit halb so schnell wie normal.

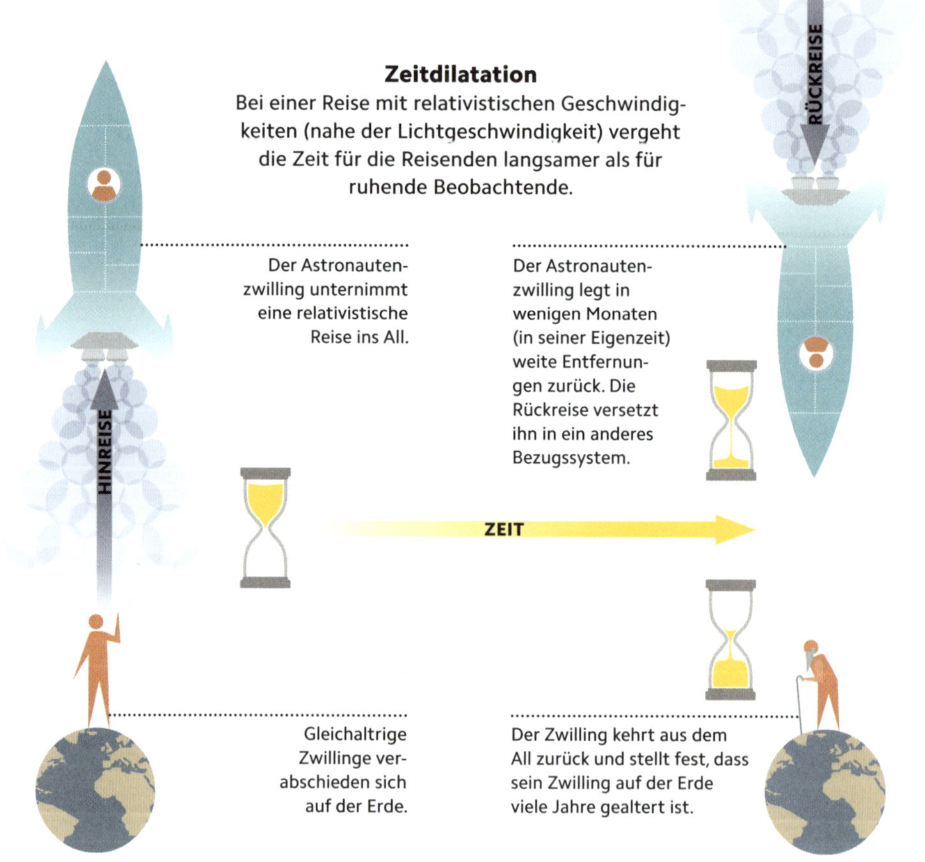

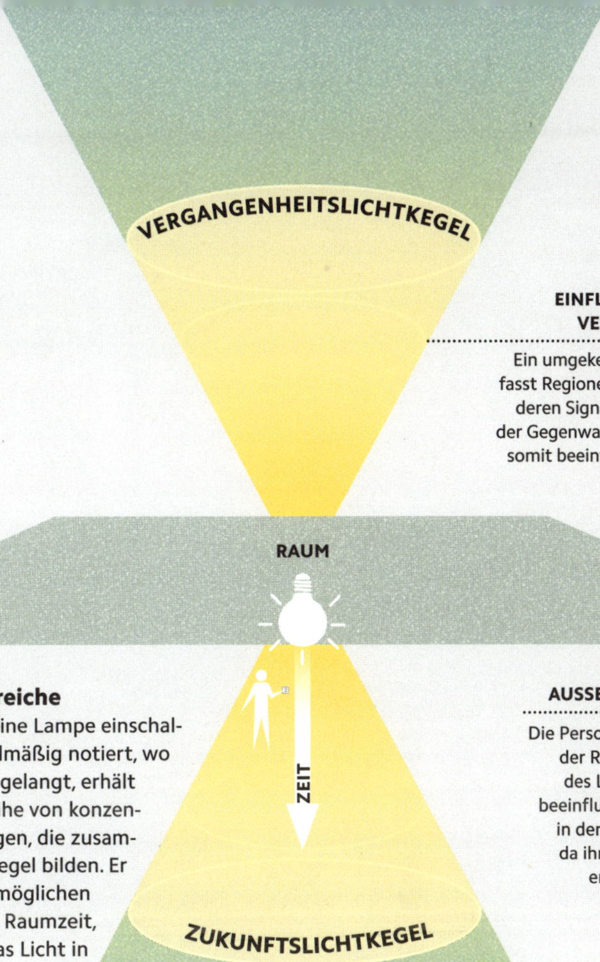

EINFLÜSSE AUS DER VERGANGENHEIT

Ein umgekehrter Kegel umfasst Regionen der Raumzeit, deren Signale die Person in der Gegenwart erreichen und somit beeinflussen könnten.

Einflussbereiche

Wenn man eine Lampe einschaltet und regelmäßig notiert, wo das Licht hingelangt, erhält man eine Reihe von konzentrischen Ringen, die zusammen einen Kegel bilden. Er enthält alle möglichen Bereiche der Raumzeit, mit denen das Licht in der Zukunft wechselwirken könnte.

AUSSER REICHWEITE

Die Person kann Bereiche der Raumzeit jenseits des Lichtkegels nicht beeinflussen, auch nicht in der fernen Zukunft, da ihre Signale sie nie erreichen können.

RAUMZEIT

Die klassische Physik behandelt Zeit und Raum als unabhängige Dimensionen, aber die Relativitätstheorie betrachtet sie als Aspekte einer vierdimensionalen Struktur, der Raumzeit. In der Raumzeit ist kein Objekt je in Ruhe – selbst diejenigen, die in einem Bezugssystem am gleichen Ort bleiben, laufen noch durch die Zeitdimension. Daher haben sie stets eine Ruheenergie, die durch die berühmte Gleichung $E = mc^2$ gegeben ist.

Gravitation und Beschleunigung
Das Äquivalenzprinzip besagt, dass es unmöglich ist, zwischen einem freien Fall aufgrund der Schwerkraft und einem auf dich zukommenden beschleunigenden Boden zu unterscheiden.

SCHWERELOSIGKEIT
Wenn das Triebwerk abschaltet und der Raum nicht mehr beschleunigt, wird alles darin schwerelos. Eine Person im Inneren kann den Effekt nicht vom freien Fall auf der Erde unterscheiden.

ÄQUIVALENZ
Die Person im beschleunigten Raum erfährt eine der Schwerkraft entsprechende, nach unten gerichtete Kraft.

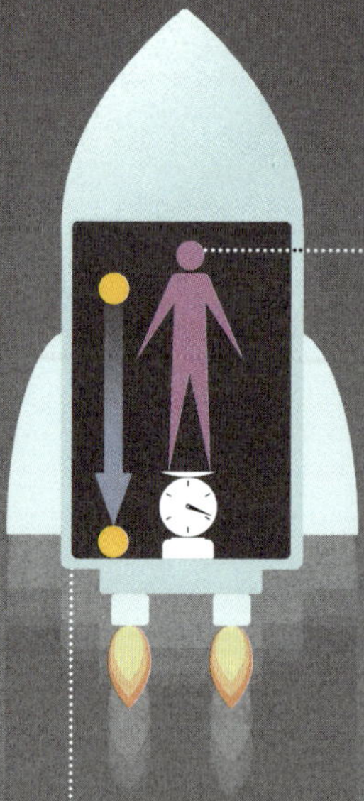

AUF DER ERDE
Man fühlt sein Gewicht und sieht die Abwärtsbeschleunigung von Objekten. Beides geht auf die Schwerkraft zurück, die auf Massen wirkt.

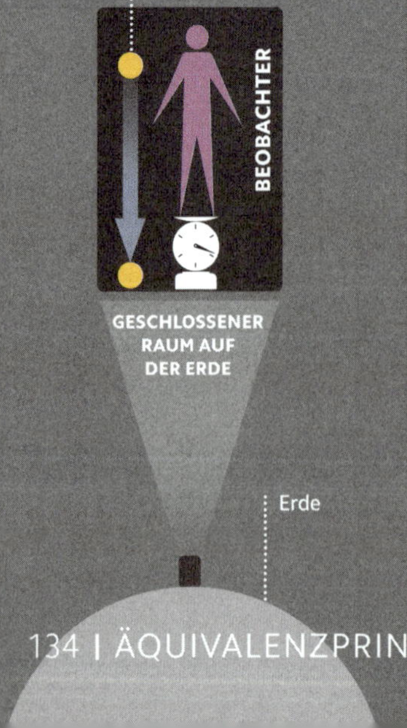

BESCHLEUNIGTE RAKETE
Eine Person in einem Raum, der von einer Rakete beschleunigt wird, spürt immer noch eine Kraft, die sie und andere Objekte in Richtung Boden »nach unten« zieht.

»Im freien Fall fühlt ein Mensch sein Gewicht nicht.«
Albert Einstein

SCHWERE UND TRÄGE MASSE

Einsteins allgemeine Relativitätstheorie von 1915 erweiterte die spezielle Relativitätstheorie (siehe S. 129) um nichtinertiale Situationen – solche, die Beschleunigungen beinhalten. Grundlegend ist das Äquivalenzprinzip: Die schwere Masse (wie stark ein Körper mit der Gravitation wechselwirkt) ist gleich der trägen Masse (wie stark er durch Kräfte beschleunigt wird). Deshalb entsprechen beschleunigte Bezugssysteme Inertialsystemen in Gravitationsfeldern. Folglich werden auch Lichtstrahlen, obwohl sie masselos sind, durch Gravitationsfelder gekrümmt.

Lichtwege

Mithilfe des Äquivalenzprinzips kann man die Ideen der speziellen Relativitätstheorie auf beschleunigte Bezugssysteme und Gravitationsfelder erweitern. Eine wichtige Konsequenz ist, wie sich Licht in einem Gravitationsfeld verhält.

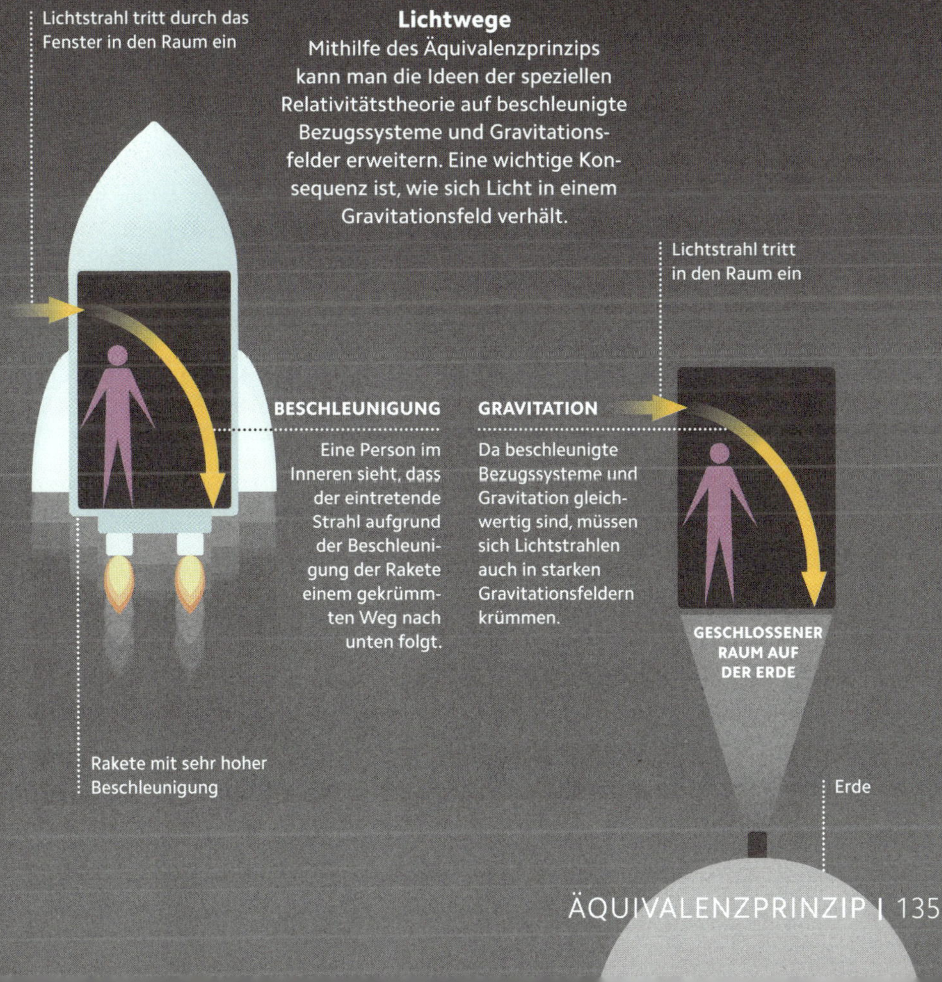

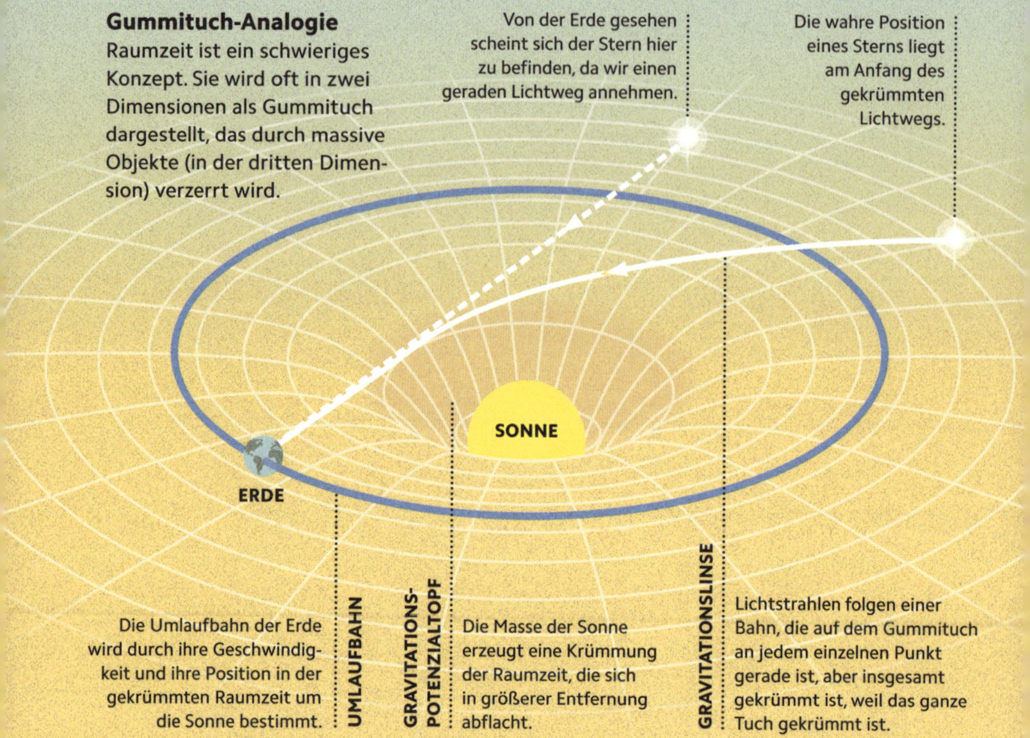

GEWEBE DES UNIVERSUMS

In der allgemeinen Relativitätstheorie stellte Einstein die Äquivalenz von Gravitationsfeldern und beschleunigten Bezugssystemen fest (siehe S. 134–135). Er zeigte, dass Raum und Zeit nicht voneinander getrennt sind, sondern ein System von vier verknüpften Dimensionen bilden, die man Raumzeit nennt. Dort, wo Masse und Energie konzentriert sind, wird die Raumzeit gekrümmt. Massive Objekte beeinflussen ihre Umgebung durch die Krümmung der Raumzeit, die dafür sorgt, dass bewegte Objekte in der Nähe dieser Krümmung folgen, und nicht einem konventionellen Kraftfeld wie dem Elektromagnetismus.

RIPPEL IN DER RAUMZEIT

Massive Objekte wie Sterne erzeugen symmetrische Krümmungen der Raumzeit, die sich mit der Entfernung abflachen (siehe gegenüber). Die allgemeine Relativitätstheorie sagt jedoch auch eine andere Art von Verzerrung voraus: Gravitationswellen. Dies sind winzige Verschiebungen in den Dimensionen des Raums, die sich mit Lichtgeschwindigkeit ausbreiten. Sie werden nur in extremen Situationen erzeugt, etwa wenn Supernovae explodieren oder sich zwei Schwarze Löcher eng umkreisen. Man kann sie mit speziellen Instrumenten – Interferometern – nachweisen.

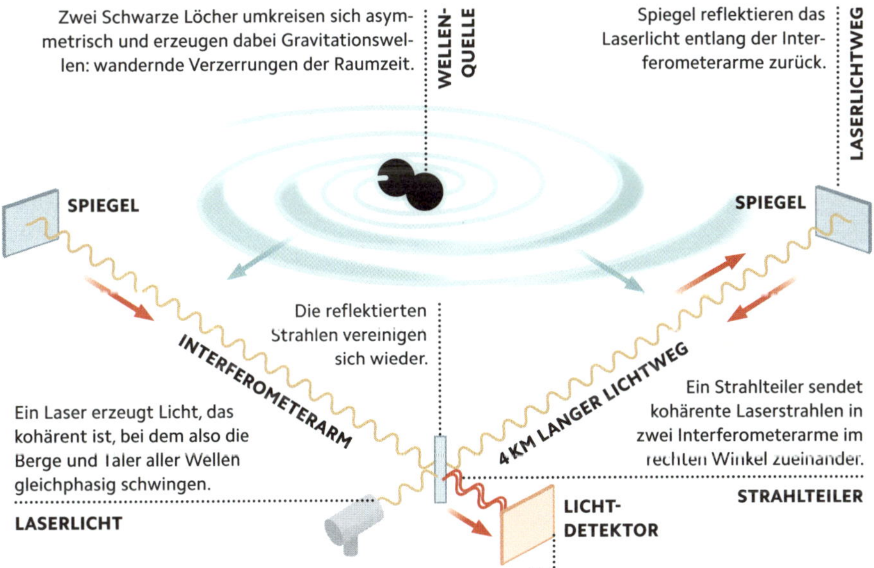

Interferometer
Dieses Instrument teilt einen Laserstrahl und sendet Strahlen in zwei je 4 km lange Arme im rechten Winkel zueinander. Sie werden reflektiert und interferieren dann (siehe S. 102). Durch die Analyse der Interferenz kann man die Längen der beiden Lichtwege extrem genau miteinander vergleichen.

ASTRO
UND
KOSMO

PHYSIK

LOGIE

Die Gesetze der Physik, die wir auf der Erde erleben, gelten im gesamten Universum. Das ermöglicht uns, Vorgänge und Objekte zu verstehen, die wir nicht aus nächster Nähe untersuchen können. Dazu gehören die Geburt, die Entwicklung und der Tod von Sternen sowie die seltsamen stellaren Überreste, die sie hinterlassen. Mit der Möglichkeit, das Verhalten und die Eigenschaften von Sternen und sogar ganzen Galaxien vorherzusagen, erkennen wir Muster im Universum selbst auf den größten Größenordnungen. Letztendlich hilft uns das Spezialgebiet der Kosmologie, den Ursprung, den heutigen Zustand und das mögliche Schicksal unseres gesamten Universums zu verstehen.

Sicht des Weltalls
Auf den größten Größenordnungen scheint das Weltall in jeder Richtung gleichförmig. Wenn man aber in kleinere Bereiche hineinzoomt, werden immer mehr Strukturebenen sichtbar, auf denen Galaxien und Galaxienhaufen durch die Schwerkraft zusammengehalten werden.

GLEICH-FÖRMIGES UNIVERSUM

Die Erde nimmt im Universum keine privilegierte Stellung ein. Das kosmologische Prinzip besagt, dass überall im Weltall gleiche Gesetze gelten und dass die Materie gleichmäßig verteilt ist (wenn man sie in ausreichend großem Maßstab betrachtet). Zudem hat das Weltall in jede Richtung ähnliche Eigenschaften. Dieses Prinzip ist sehr wichtig, da es bedeutet, dass Studien, die wir von der Erde aus durchführen, auf den gesamten Kosmos anwendbar sein dürften.

Da die Lichtgeschwindigkeit endlich ist, können wir nur 13,8 Mrd. Lichtjahre weit blicken. Auf dieser Skala erscheint das All gleichförmig.

DAS BEOBACHTBARE UNIVERSUM

Auf Skalen von Hunderten Millionen Lichtjahren formen Galaxiensuperhaufen Filamente und Wände aus leuchtender Materie um scheinbar leere Hohlräume (Voids) herum.

FILAMENTE UND VOIDS

Wir befinden uns in einem etwa 100 Mio. Lichtjahre großen Galaxiensuperhaufen. Superhaufen wiederum bestehen aus kleineren Galaxienhaufen.

SUPERHAUFEN

In unserer Region des Weltalls konzentriert sich der Großteil der Materie in drei großen und mehreren kleineren Galaxien, die einen lockeren, etwa 10 Mio. Lichtjahre großen Galaxienhaufen bilden, die Lokale Gruppe.

LOKALE GRUPPE

JUNGE STERNE

Sterne sind riesige heiße Gaskugeln. Die extreme Hitze und der Druck im Kern führen zur Fusion von leichteren zu schwereren Elementen. Die dadurch freiwerdende Energie erhitzt den Kern und erzeugt Strahlung, die durch den Stern nach außen wandert. Diese Prozesse wirken der Schwerkraft entgegen und verhindern so, dass der Stern in sich zusammenfällt. Die Sternentstehung beginnt in riesigen, aber dünnen interstellaren Gas- und Staubwolken, in denen die leichten Elemente Wasserstoff und Helium vorherrschen. An etwas dichteren Stellen ist ihre Schwerkraft groß genug, dass sie sich mehr und mehr zusammenziehen.

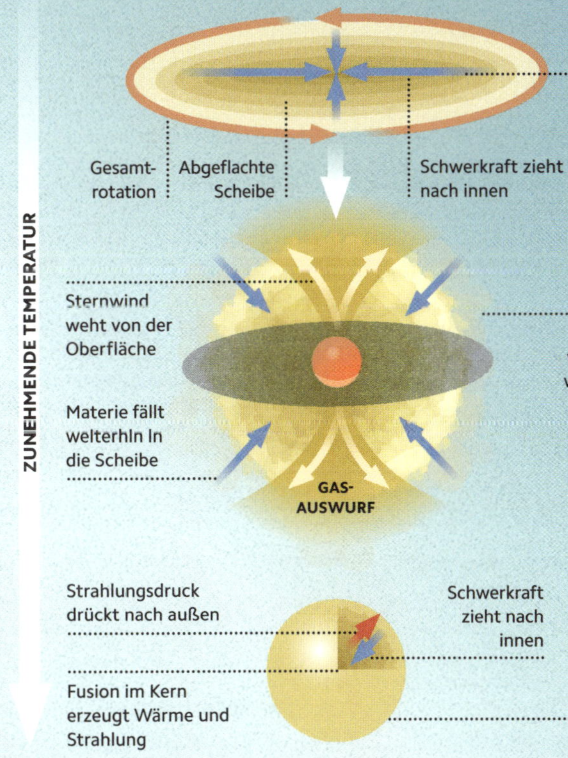

AKKRETIONSSCHEIBE

Kollisionen zwischen Massen des kollabierenden Gases im Nebel bilden schließlich eine rotierende Materiewolke, die immer schneller rotiert, während sie sich zusammenzieht.

PROTOSTELLARER NEBEL

Materie wird unter Einfluss der Gravitation nach innen beschleunigt. Sie wird heiß genug, dass sie zu leuchten beginnt, während der Protostern noch sehr groß ist. Die Strahlung bläst schwach gebundenes Material über und unter der Scheibe weg.

Die Wasserstofffusion beginnt, wenn die Kerntemperatur etwa 10 Mio. °C erreicht. Der nach außen gerichtete Strahlungsdruck wirkt der Gravitation entgegen und stabilisiert den Stern.

STABILISIERUNG

HELLES STERNENLICHT

Sterne unterscheiden sich stark in Helligkeit, Farbe und Größe. Einige dieser Unterschiede sind Folge ihrer Entstehung, aber andere zeigen verschiedene Phasen des Lebens an. Im berühmten Hertzsprung-Russell-Diagramm sind Sterne anhand ihrer Leuchtkraft (Energieabgabe) und ihrer Oberflächentemperatur (oder Farbe) angeordnet. Besonders auffällig im Diagramm ist ein diagonales Band von Sternen, die Hauptreihe: von hellen, heißen blauen Sternen bis hin zu schwachen, kühlen roten. Sterne verbringen den größten Teil ihres Lebens irgendwo auf der Hauptreihe. Während dieser Zeit sind sie stabil und leuchten durch die Fusion von Wasserstoff zu Helium.

Hertzsprung-Russell-Diagramm
Die von einem Stern erzeugte Leistung (in Bezug auf den Lichtausstoß) hängt von seiner Oberflächentemperatur und seiner Fläche ab. Rote Sterne sind kühler als blaue. Wenn also ein roter und ein blauer Stern eine ähnliche Leuchtkraft (Energieausstoß) haben, muss der rote Stern eine größere Oberfläche haben als der blaue.

SCHICKSAL EINES STERNS

Die rote Linie zeigt das mögliche Schicksal eines sonnenähnlichen Sterns, wenn er sich dem Ende seines Lebens nähert.

ROTE ÜBERRIESEN

Überriesen sind seltene Sterne mit der Masse von Dutzenden Sonnen. Sie sind die leuchtkräftigsten Sterne überhaupt und leuchten nur für einige Millionen Jahre.

PLANETARISCHER NEBEL

Wenn ein Roter Riese den Brennstoff verbraucht hat, stößt er seine äußeren Schichten ab. Sie bilden eine kurzlebige, ringförmige Wolke, die man planetarischer Nebel nennt. Der ausgebrannte Kern wird schließlich freigelegt.

ROTE RIESEN

Sonnenähnliche Sterne erreichen ihre letzte Lebensphase, wenn der Wasserstoff im Kern zur Neige geht. Dann verbrennen sie Wasserstoff in einer umgebenden Hülle und können auch Helium zu schwereren Elementen verschmelzen. Dadurch nimmt ihre Leuchtkraft zu und die äußeren Schichten blähen sich auf.

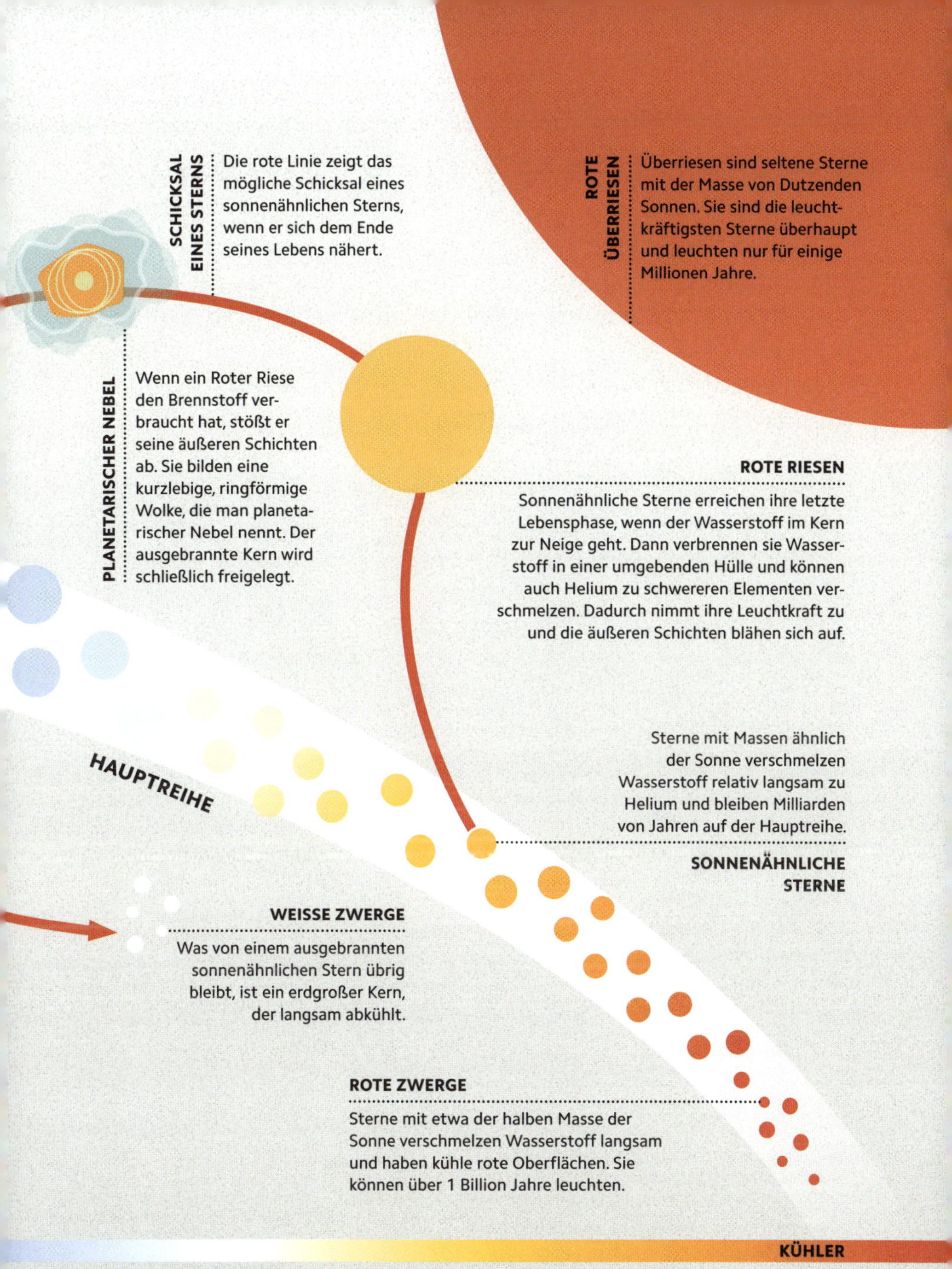

SONNENÄHNLICHE STERNE

Sterne mit Massen ähnlich der Sonne verschmelzen Wasserstoff relativ langsam zu Helium und bleiben Milliarden von Jahren auf der Hauptreihe.

WEISSE ZWERGE

Was von einem ausgebrannten sonnenähnlichen Stern übrig bleibt, ist ein erdgroßer Kern, der langsam abkühlt.

ROTE ZWERGE

Sterne mit etwa der halben Masse der Sonne verschmelzen Wasserstoff langsam und haben kühle rote Oberflächen. Sie können über 1 Billion Jahre leuchten.

PAARTANZ DER STERNE

Einige Sterne sind seit ihrer Entstehung (siehe S. 141) durch die Gravitation aneinander gebunden. In einem Doppelsternsystem sind zwei Sterne in einem gravitativen Tanz umeinander gefangen: Sie folgen jeweils elliptischen Bahnen um den gemeinsamen Massenschwerpunkt. Im Teleskop kann man sie oft nicht trennen, aber die Messung der Doppler-Verschiebung in der Farbe ihres Lichts zeigt ihren Umlauf.

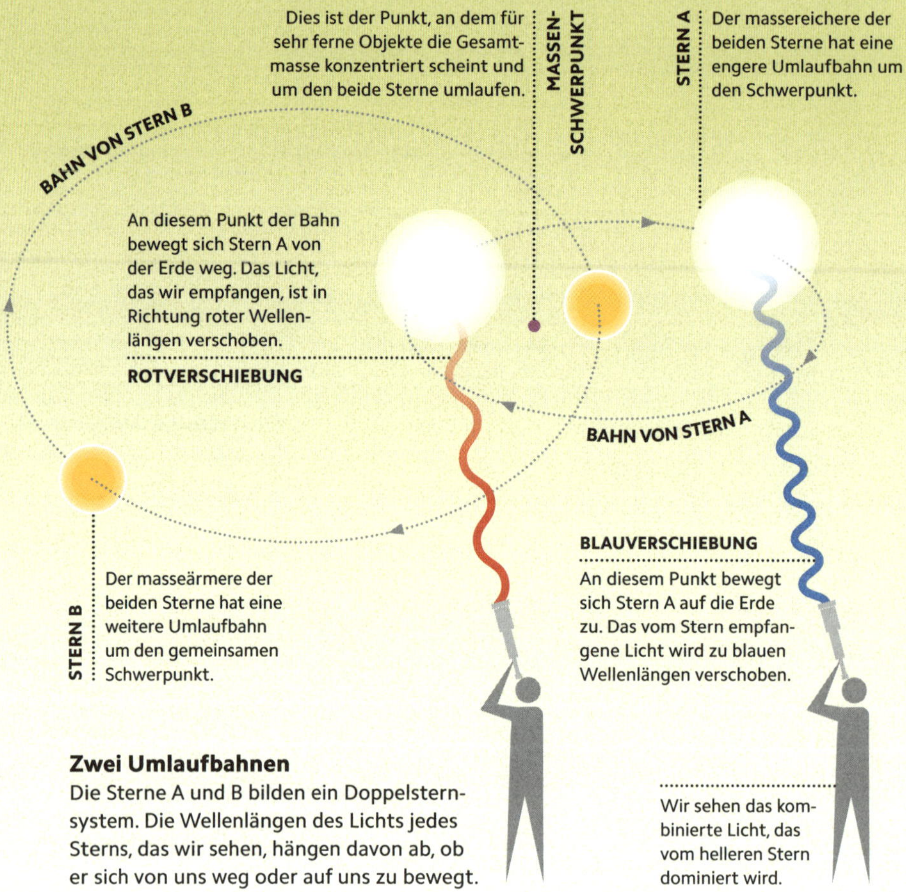

Zwei Umlaufbahnen
Die Sterne A und B bilden ein Doppelsternsystem. Die Wellenlängen des Lichts jedes Sterns, das wir sehen, hängen davon ab, ob er sich von uns weg oder auf uns zu bewegt.

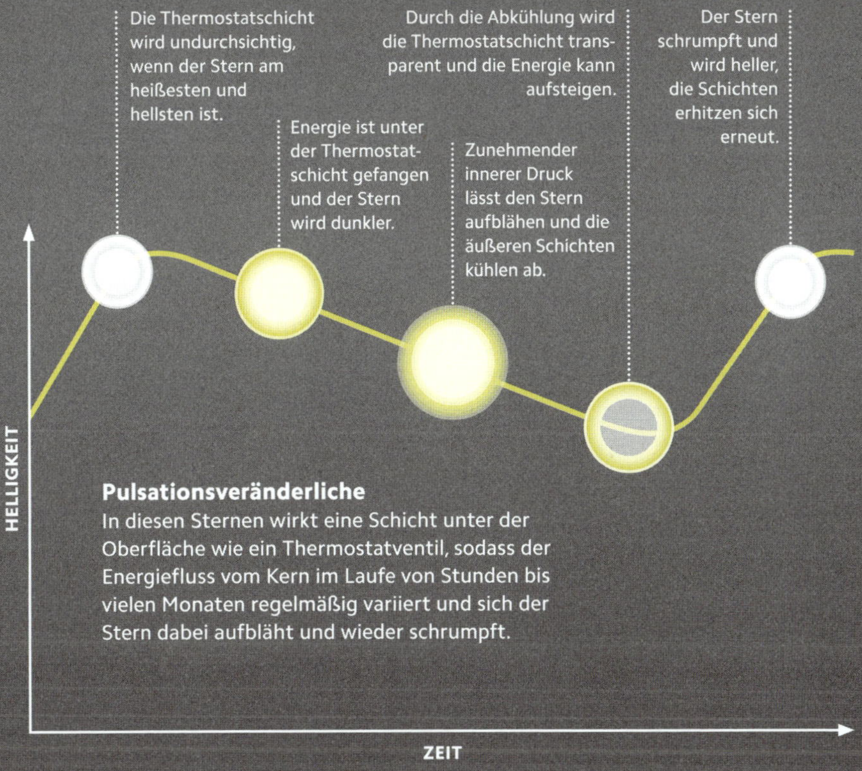

Pulsationsveränderliche
In diesen Sternen wirkt eine Schicht unter der Oberfläche wie ein Thermostatventil, sodass der Energiefluss vom Kern im Laufe von Stunden bis vielen Monaten regelmäßig variiert und sich der Stern dabei aufbläht und wieder schrumpft.

LICHTKURVEN

Obwohl die Kernreaktionen nur sehr langsam variieren, verändert sich die Helligkeit einiger Sterne in viel kürzeren Zeiträumen. Doppelsterne (siehe gegenüberliegende Seite) können einander verdecken, sodass die Lichtmenge, die wir sehen, schwankt. Sterne mit starkem Magnetfeld setzen große Energiemengen in hellen Flares (Ausbrüchen) frei oder haben dunkle und helle Flecken auf der rotierenden Oberfläche. Viele Sterne durchlaufen jedoch eine pulsierende Phase, in der die oberen Schichten instabil werden und zyklische Veränderungen verursachen.

Massearme Sterne
Sterne mit einer Masse zwischen 0,8 und acht Sonnenmassen können Milliarden von Jahren leben, bevor sie zu Roten Riesen werden.

ROTER RIESE
Die Wasserstofffusion verlagert sich vom Kern in eine Schale. Im Kern kann eine Heliumfusion zünden. Der Stern schwillt enorm an und wird instabil.

LANGSAMES BRENNEN
Sterne mit geringer Masse haben eher eine rötliche Farbe und sind kühler als größere Sterne.

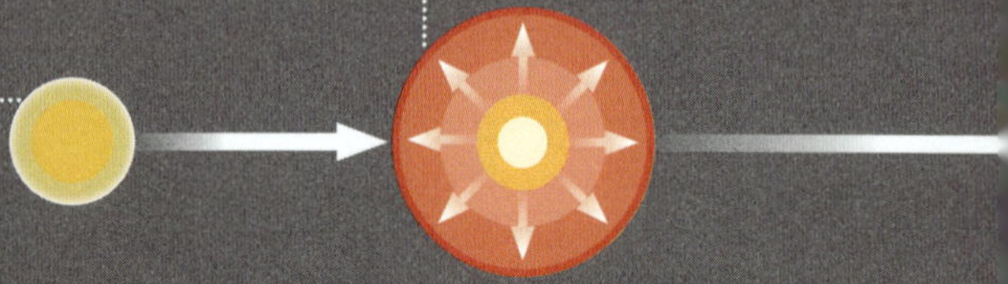

Massereiche Sterne
Sterne mit einer Masse von mehr als acht Sonnenmassen haben eine Lebensdauer von nur Millionen statt Milliarden von Jahren.

ROTER ÜBERRIESE
Nach Jahrmillionen bilden sich durch verschiedene Fusionsschalen um den Kern herum schwerere Elemente bis hin zum Eisen.

HELLES LEUCHTEN
Sterne mit großer Masse erzeugen enorme Energie und leuchten blau-weiß oder blassviolett.

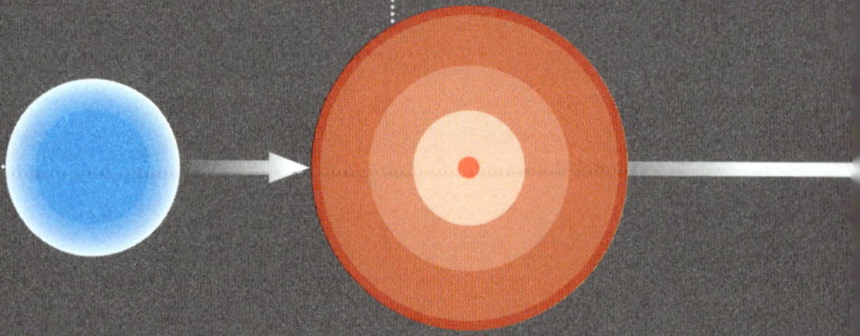

DAS SCHICKSAL DER STERNE

Sterne leben nur begrenzt lang. Wenn der Wasserstoff im Kern zur Neige geht, kollabiert der Kern und wird heißer, sodass Wasserstoff auch außerhalb des Kerns fusioniert. Ein etwa sonnengroßer Stern wird irgendwann instabil und stößt die äußeren Schichten ab. Der ausgebrannte Kern kollabiert langsam zum kompakten Weißen Zwerg. Ein massereicherer Stern brennt länger und bildet Schichten schwererer Elemente. Am Ende der Fusion kollabiert der Kern abrupt. Schockwellen erzeugen eine enorme Supernova-Explosion und ein winziges, superdichtes Objekt – ein Neutronenstern oder ein Schwarzes Loch – bleibt übrig.

PLANETARISCHER NEBEL

Ein planetarischer Nebel (eine Wolke um den Stern) entsteht, wenn der Stern seine äußeren Schichten ins All bläst und sein heißer Kern freigelegt wird.

WEISSER ZWERG

Ein Weißer Zwerg entsteht: der ausgebrannte, aber immer noch heiße Überrest des Sternkerns.

SCHWARZER ZWERG

Über Milliarden von Jahren kühlt ein Weißer Zwerg ab und wird zu einem Schwarzen Zwerg.

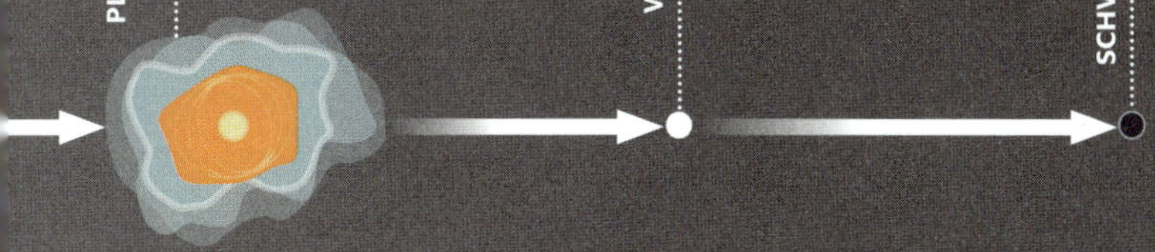

SUPERNOVA

Wenn der Brennstoff aufgebraucht ist, kollabiert der Kern und erzeugt eine Schockwelle, die die äußeren Schichten erhitzt und komprimiert.

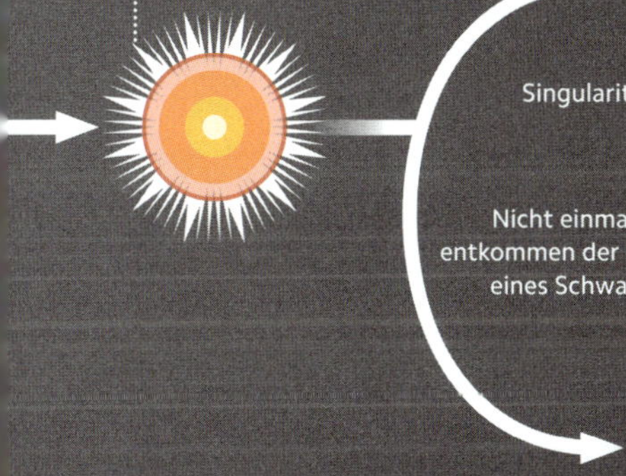

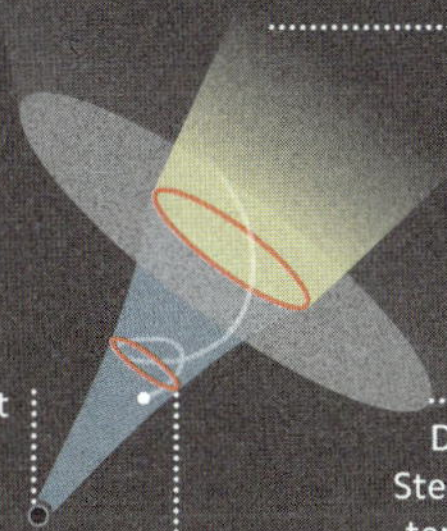

Materiejets entweichen aus der Scheibe um das Schwarze Loch.

Singularität

Nicht einmal Photonen entkommen der Gravitation eines Schwarzen Lochs.

SCHWARZES LOCH

Der Kern eines extrem großen Sterns kann zu einem superdichten Schwarzen Loch kollabieren und zu einem winzigen Punkt, einer Singularität, schrumpfen.

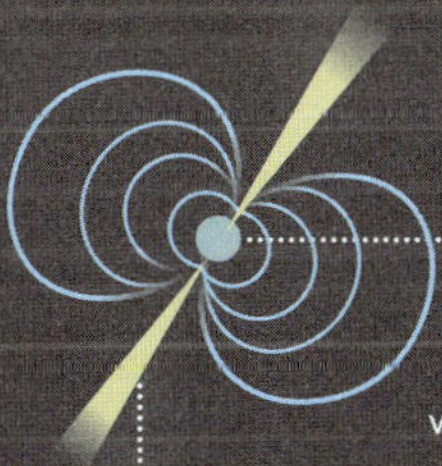

NEUTRONENSTERN

Supernovae führen meist zur Entstehung ultradichter Neutronensterne. In ihnen vereinen sich Elektronen und Protonen zu Neutronen.

Der starke Magnetismus einiger Neutronensterne verursacht die Emission von Strahlen. Diese Sterne heißen Pulsare.

Ein Teelöffel Materie eines Neutronensterns würde 10 Mio. Tonnen wiegen.

VERMESSUNG DER WELT

Der sonnennächste Stern ist der 4,2 Lichtjahre entfernte Proxima Centauri, während die fernsten beobachtbaren Objekte etwa 13,4 Mrd. Lichtjahre entfernte Galaxien sind. Man misst solch große Distanzen mit verschiedenen Techniken. Die Parallaxenmessung (siehe unten) funktioniert bei relativ nahen Sternen. Die Distanz zu ferneren Objekten bestimmt man mithilfe von Standardkerzen, das sind Referenzobjekte, deren absolute (oder inhärente) Leuchtkraft bekannt ist (siehe rechts). Ihre scheinbare Helligkeit, mit der wir sie sehen, gibt dann Aufschluss über ihre Entfernung. Mit der Rotverschiebung (siehe S. 150) misst man die Entfernung der fernsten sichtbaren Galaxien.

Parallaxenmessung
Wenn man einen nahen Stern von gegenüberliegenden Punkten der Erdbahn beobachtet, scheint sich seine Position gegenüber den viel ferneren Hintergrundsternen zu verschieben. Die Distanz kann man dann mit einfacher Geometrie berechnen.

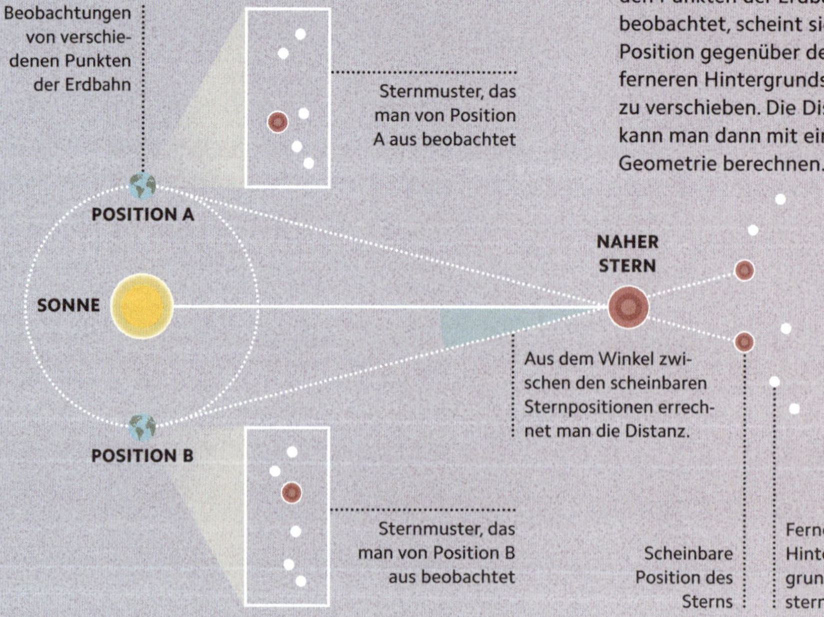

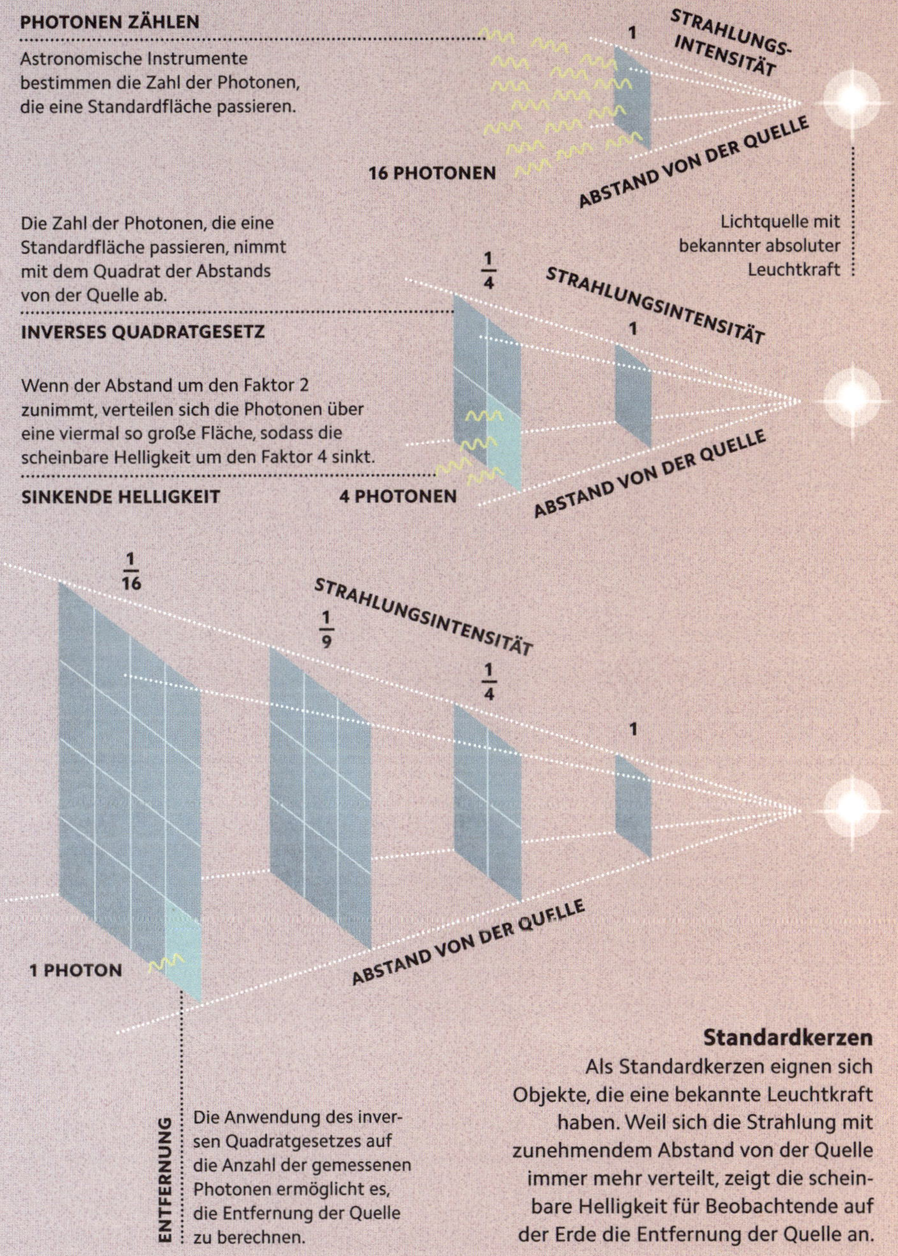

PHOTONEN ZÄHLEN

Astronomische Instrumente bestimmen die Zahl der Photonen, die eine Standardfläche passieren.

Lichtquelle mit bekannter absoluter Leuchtkraft

Die Zahl der Photonen, die eine Standardfläche passieren, nimmt mit dem Quadrat der Abstands von der Quelle ab.

INVERSES QUADRATGESETZ

Wenn der Abstand um den Faktor 2 zunimmt, verteilen sich die Photonen über eine viermal so große Fläche, sodass die scheinbare Helligkeit um den Faktor 4 sinkt.

SINKENDE HELLIGKEIT

Die Anwendung des inversen Quadratgesetzes auf die Anzahl der gemessenen Photonen ermöglicht es, die Entfernung der Quelle zu berechnen.

Standardkerzen

Als Standardkerzen eignen sich Objekte, die eine bekannte Leuchtkraft haben. Weil sich die Strahlung mit zunehmendem Abstand von der Quelle immer mehr verteilt, zeigt die scheinbare Helligkeit für Beobachtende auf der Erde die Entfernung der Quelle an.

Rotverschiebung verstehen

Je weiter eine Galaxie von der Erde entfernt ist, desto größer ist die Rotverschiebung des Lichts, das wir von ihr empfangen, desto größer also die Geschwindigkeit, mit der sie sich von uns entfernt. Im Mittel nimmt die Geschwindigkeit um etwa 77 000 km/h für jede weitere Mio. Lichtjahre Entfernung zu: Dieser Faktor heißt Hubble-Konstante.

DER RAUM EXPANDIERT

Durch die Messung der Doppler-Verschiebung (siehe S. 95) im Licht entfernter Galaxien wurden ihre Geschwindigkeiten abgeleitet. Dabei zeigte sich ein bemerkenswertes Muster: Abgesehen von den uns am nächsten gelegenen Galaxien entfernen sich alle anderen von der Erde mit einer Geschwindigkeit, die proportional zu ihrer Entfernung von der Erde ist. Diese Beziehung, das Hubble-Lemaître-Gesetz, ist ein Beweis dafür, dass sich das Universum als Ganzes ausdehnt. Galaxien entfernen sich nicht von der Erde durch den Weltraum, sondern der Weltraum selbst dehnt sich aus und trägt die Galaxien mit sich.

TRANSPARENZ

Lichtstrahlen konnten sich erst etwa 380 000 Lichtjahre nach dem Urknall frei ausbreiten (siehe S. 152).

WIE ALLES ANFING

Nach heutigem Wissensstand entstand das Universum vor etwa 13,8 Mrd. Jahren aus einem sehr dichten, heißen und gleichförmigen Zustand. Alle Materie und Energie sowie Zeit und Raum selbst begannen mit einem explosiven Ereignis, dem Urknall. Einige Minuten lang herrschten extreme Temperaturen und Energien, bei denen seltsame Teilchen blitzartig entstanden und wieder vergingen. Als sich danach der Raum ausdehnte und die Temperaturen sanken, verbanden sich diese Teilchen zu Protonen, Neutronen, Atomkernen und schließlich zu Atomen. Das Weltall dehnt sich immer noch aus, aber ein Großteil der Materie hat sich durch die Schwerkraft zu Galaxien, Sternen und Planeten zusammengezogen.

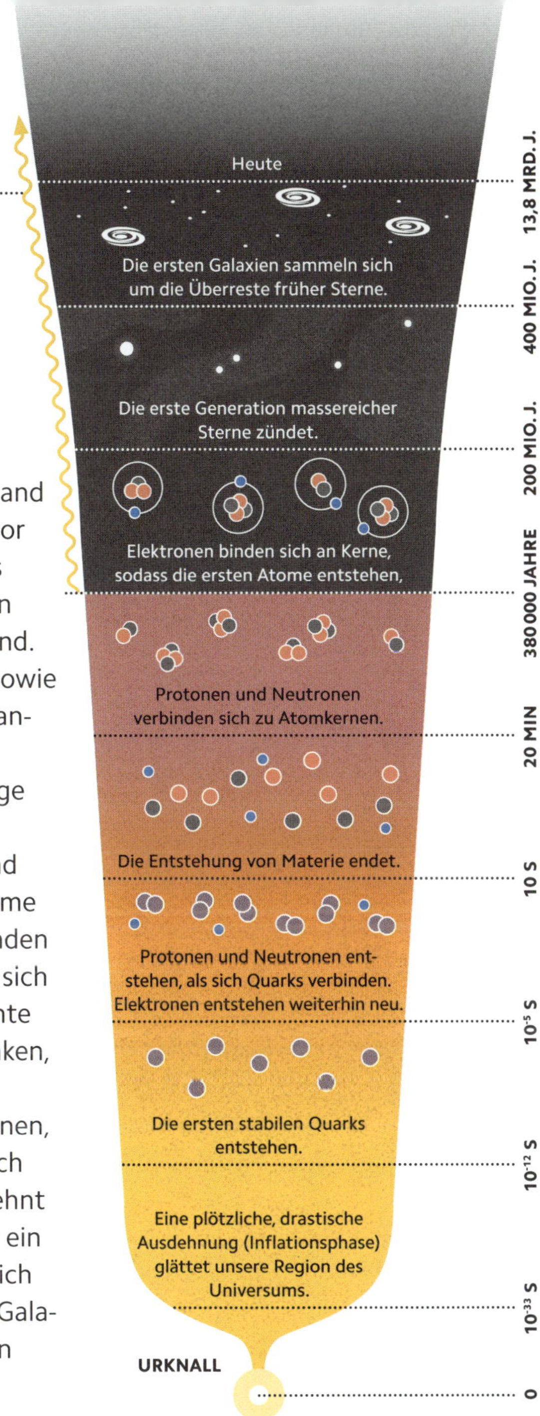

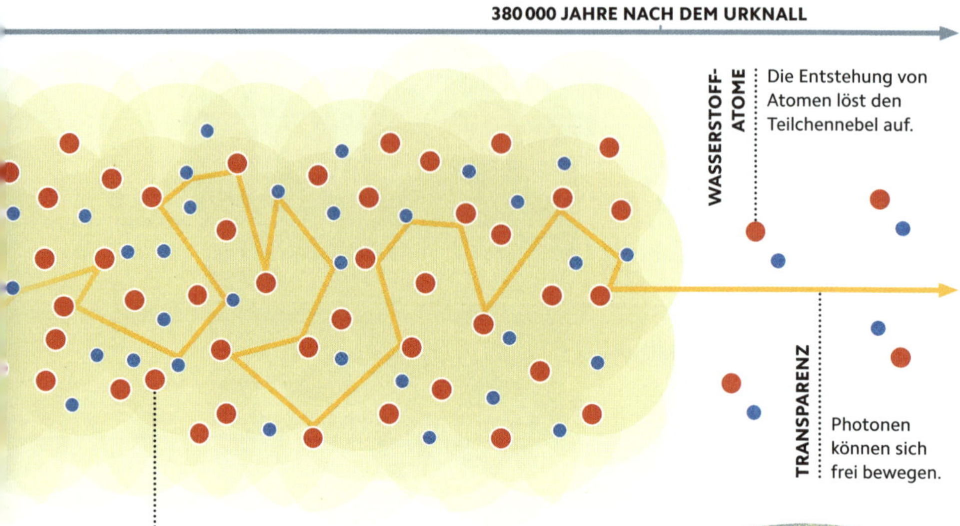

TEILCHENNEBEL IM FRÜHEN UNIVERSUM
Ein Nebel aus Elektronen und Protonen verhinderte die freie Bewegung von Photonen.

GESAMTHIMMELSKARTE
Diese Himmelskarte zeigt die kosmische Mikrowellenhintergrundstrahlung, die am Ende der Rekombinationsphase entstand. Blau sind kühlere Gebiete mit höherer Dichte.

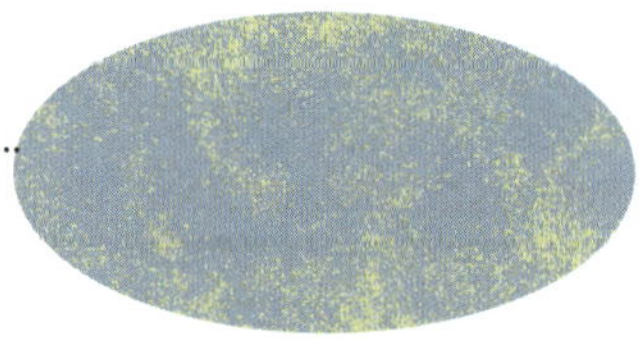

KARTE DER KOSMISCHEN MIKROWELLEN-HINTERGRUNDSTRAHLUNG

KARTE DES UNIVERSUMS

Etwa 380 000 Jahre nach dem Urknall (siehe S. 151) erfuhr das Universum einen entscheidenden Übergang, die Rekombinationsphase. Davor waren Photonen in einem dichten Nebel aus Protonen und Elektronen gefangen. Bei der Rekombination verbanden sich diese Teilchen zu Atomen. Danach gab es viel weniger freie geladene Teilchen, sodass Photonen ungehindert passieren konnten: Das Universum wurde durchsichtig. Die Strahlung, die damals frei wurde, durchdringt das All noch heute, aber sie ist durch die kosmische Expansion in den Mikrowellenbereich rotverschoben (siehe S. 150). Man kartiert ihre Fluktuationen, um Dichtevariationen im frühen Universum zu untersuchen.

EINE UNSICHTBARE WELT

Etwa 84 % der gesamten Masse im Universum besteht aus Dunkler Materie, die nicht mit der elektromagnetischen Kraft (siehe S. 32–33) wechselwirkt und damit auch nicht mit dem Licht – sie ist unsichtbar. Ob sie aus noch unbekannten Teilchen oder etwas anderem besteht, wissen wir nicht. Neuere Studien des fernen Universums belegen auch die Existenz der sogenannten Dunklen Energie, eines mysteriösen Effekts, der die Expansion des Universums (siehe S. 150) beschleunigt.

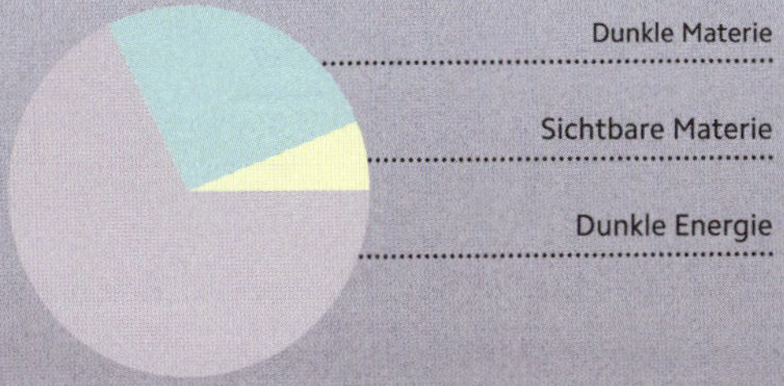

Zusammensetzung des Universums
Es gibt etwa sechsmal so viel Dunkle Materie wie gewöhnliche Materie. Der Rest des Universums besteht aus Dunkler Energie.

Hinweis auf Dunkle Materie
Studien der Geschwindigkeit, mit der Sterne das Zentrum von Spiralgalaxien umkreisen, deutet auf die Existenz von unsichtbarer Materie hin.

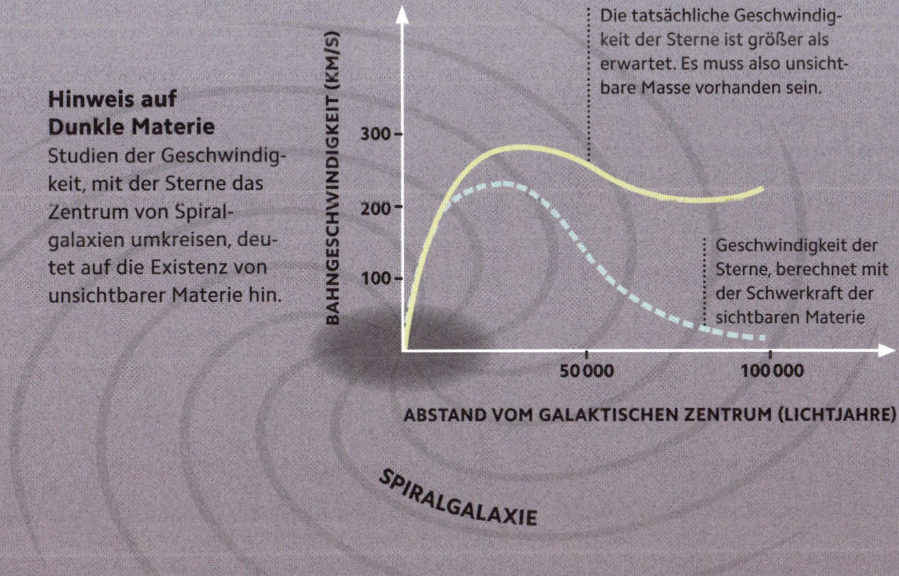

RIP, CHILL ODER CRUNCH

Das Schicksal des Universums in vielen Milliarden Jahren hängt von mehreren Faktoren ab: der Expansion, die mit dem Urknall begann, der Masse und Gravitation aller im Universum enthaltenen Materie und dem Verhalten der Dunklen Energie (siehe S. 153), die derzeit die Ausdehnung des Raums beschleunigt. Je nach relativer Stärke dieser Faktoren kann das Universum in sich zusammenfallen, sich selbst zerreißen oder einfach für immer weiter expandieren, bis der Brennstoff für neue Sterne erschöpft ist und die Materie selbst durch Quantenzerfall langsam zerfällt.

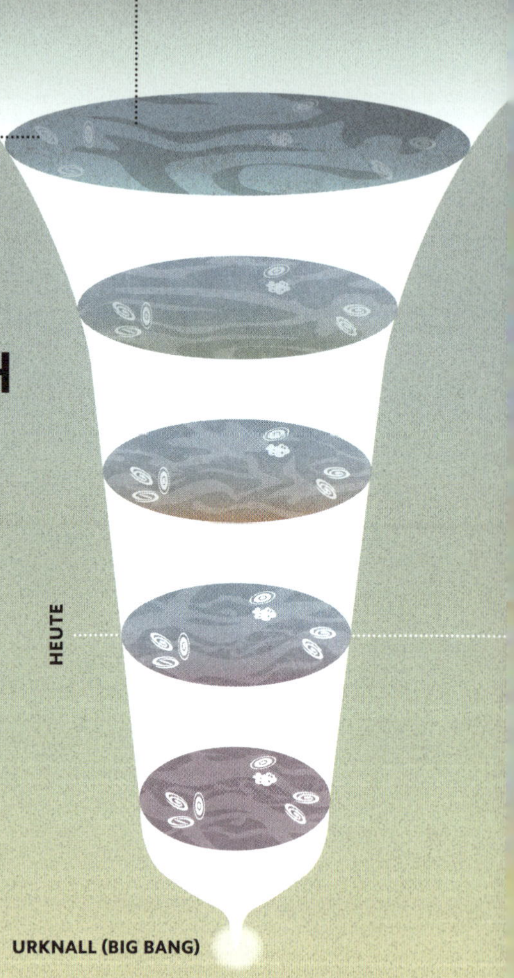

Big Rip (Großes Zerreißen)
Die Dunkle Energie scheint an Stärke zuzunehmen. Dann könnte die Expansion des Raums die Kräfte, die die Materie zusammenhalten, überwinden.

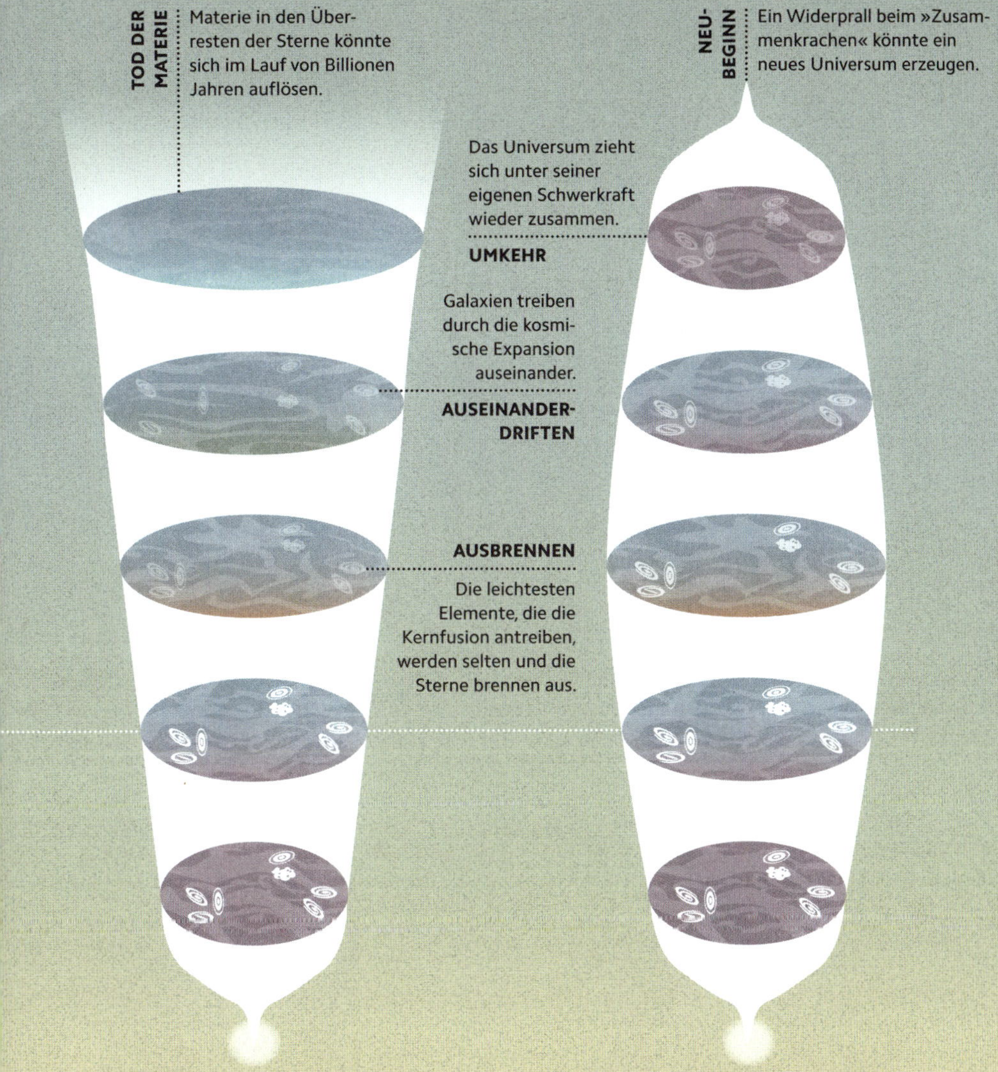

Big Chill (Großes Abkühlen)
Das Universum dehnt sich weiter aus, kühlt aber allmählich auf einen Zustand ab, in dem die thermodynamische freie Energie gegen null geht.

Big Crunch (Großes Krachen)
Wenn das Universum genug Masse hat und die Dunkle Energie nachlässt, stoppt die Expansion und alles fällt wieder in einen heißen, dichten, energiereichen Zustand zusammen.

REGISTER

Die **fett** gedruckten Seitenzahlen verweisen auf Haupteinträge.

A

B

D

E

M

N

O

P

Q

R

S

T

U

V

W

Z

DANK

Der DK Verlag dankt Noor Ali für Designassistenz und Vanessa Bird für die Erstellung des Registers.

DTP-Designer: Raman Panwar.
Leitender DTP Designer: Harish Aggarwal.
Leitende Umschlagkoordinatorin: Priyanka Sharma Saddi.

Der Verlag dankt folgenden Personen und Organisationen für die freundliche Genehmigung zum Abdruck von Fotos:

Umschlagbilder: *Vorn und Rücken:* **Getty Images/ iStock:** Veronika Oliinyk, SpicyTruffel

Alle anderen Abbildungen © Dorling Kindersley

ZITATNACHWEIS

Wenn nicht anders angegeben, wurden die Zitate frei übersetzt.

41 Isaac Newton, *Sir Isaac Newton's Mathematische Principien der Naturlehre,* übers. v. Jakob Philipp Wolfers, Berlin: Oppenheim 1872 **123** zit. n. https://futurism.com/faster-light- four-phenomena-beat-cosmic-speed-limit **134** zit. n. https://www.vassar.edu/specialcollections/exhibit-highlights/2001- 2005/einstein/essay2.html